After Effects
空間演出技法

印象的なシーンを
創造するテクニック

石坂アツシ［著］
Atsushi
Ishizaka

Rutles

Adobe、Adobe After Effects、Adobe Photoshopは、Adobe Systems Incorporated（アドビシステムズ社）の商標です。

MacintoshはApple Computer,Inc.の各国での商標もしくは登録商標です。

Windowsは米国Microsoft Corporationの米国およびその他の国における商標または登録商標です。

その他本書に記載されている会社名、製品名は、各社の登録商標または商標です。

「スクライド」©サンライズ

「機動戦士ガンダムSEED」©創通・サンライズ

「機動戦士ガンダム サンダーボルト」©創通・サンライズ

「ガンダムビルドファイターズ」©創通・サンライズ

「機動戦士ガンダム 鉄血のオルフェンズ」©創通・サンライズ・MBS

「Amazon Fashion マニフェストムービー」株式会社 マッキャンエリクソン

「アイドルマスター ミリオンライブ!4周年記念アニメPV」©BANDAI NAMCO Entertainment Inc.

アニメ「夏目友人帳」©緑川ゆき・白泉社／「夏目友人帳」製作委員会

アニメ「鬼平」©オフィス池波／文藝春秋／「TVシリーズ鬼平」製作委員会

安室奈美恵「Dear Diary」ミュージックビデオ

「龍の歯医者」©舞城王太郎, nihon animator mihonichi LLP. / NHK, NEP, Dwango, khara

本書内容については、間違いがないよう最善の努力を払って検証していますが、著者および発行者は、本書の利用によって生じたいかなる障害に対してもその責を負いませんので、あらかじめご了承ください。

はじめに

空間演出で心に残るシーンにする ▶▶▶

アニメーションや3D-CGなどゼロから生み出す映像には当然のことながら空気が存在しません。そこで、描画テクニックや霧などのパーツを加えることで映像内に空気感を出します。実写映像では、光の方向や角度を計算に入れたりスモークを焚くことで映像内に奥行きを出します。空気感や奥行きを出すことによってその映像に深みが加わり、見る者の心に残るシーンとなります。単なる景色ではなく、物語の一部として印象に残るように空間を演出するわけです。

空間演出の基本テクニックを解説 ▶▶▶

この空間演出は昨今ではレンダリングや撮影後におこなわれています。そして、その作業をおこなう代表的なソフトウエアが本書で操作を説明するAfter Effectsです。空間を演出するための基本的なテクニックを作例と共に解説していますが、加えて操作説明だけでは伝えられない非常に重要な2つのポイントに関しても解説してます。

空間演出要素に関する基礎知識を解説 ▶▶▶

ひとつめは空間を演出するための要素に関する基礎知識です。空間演出の要素は現実の空間に存在するものです。したがって、リアルに見える演出をするためにはまずその要素がどのような物なのかを知っている必要があります。たとえ大袈裟な表現にしたとしてもその要素の基本概念から外れていてはどう手を加えてもリアルには見えません。本書では空間演出の各要素に対するテクニックを説明する前に、その要素に関する基礎知識を解説しています。まずはここに目を通してから実際の操作をおこなってください。

空間演出のコンセプトを解説 ▶▶▶

もうひとつは空間を演出する際のコンセプトです。どのような目的で空間を演出するのか？ 何のためにその要素を加えるのか？ そういったコンセプトをしっかり持って作業をおこなわないと、派手だけれど何処に注目していいか分からず心に残らない映像になってしまいます。印象的なシーンを作り出すコンセプトの解説として、第一線で活躍するクリエイターのインタビューと作品の分析を収録しました。そこには空間演出に対する考え方やノウハウが詰まっており、これから空間演出をおこなうあなたの力になることは間違いないでしょう。

優れた機能を持つAfter Effectsを、人の心を動かす表現ツールとして活用するためのテクニックと知識とコンセプト。これらを学んで、映像に対して単にデジタル処理を加えるのではなく、映像に対してデジタルツールで"人の手を介す"処理をおこなうようになってください。
本書がエモーショナルな映像を創るクリエイターを生み出す力になることを切に祈っています。

2017年7月　　石坂アツシ

Chapter 1 | 空間演出とは ▶▶▶ 9

01 | 空間演出の概要　10
- 01-01 ▶ 空間演出の2つの目的────10
- 01-02 ▶ 空間を構成する────10
- 01-03 ▶ 空間を撮影する────11

02 | 空間演出の要素　12
- 02-01 ▶ 距離感を出す要素────12
- 02-02 ▶ 光源を演出する要素────13
- 02-03 ▶ 空気中の粒子────13
- 02-04 ▶ 天候による要素────14

Chapter 2 | 被写界深度 ▶▶▶ 15

01 | 被写界深度とは　16
- 01-01 ▶ 被写界深度の目的と深さ────16
- 01-02 ▶ 絞りによる被写界深度────17
- 01-03 ▶ 焦点距離による被写界深度────19
- 01-04 ▶ 前ボケ効果────20
- 01-05 ▶ ボケ味────21

02 | ブラーエフェクトを使う　22
- 02-01 ▶ ブラーの種類によるボケ味の違い────22
- 02-02 ▶ 全体をぼかすブラー────24
- 02-03 ▶ 輪郭を残して他をぼかすブラー────26
- 02-04 ▶ カメラレンズをシミュレートするブラー────27

03 | 3Dレイヤーを使う　33
- 03-01 ▶ 3Dレイヤーによる被写界深度設定────33

04 | 前ボケを加える　45
- 04-01 ▶ 前ボケで距離感を出す────45

05 | マスクでぼかし範囲を設定する　52
- 05-01 ▶ ブラーエフェクトとマスクを使って被写界深度を加える────52

06 | グレー画像でぼかしを調整する　61
- 06-01 ▶ グレースケールでブラーの強弱を設定する────61

Chapter 3 | 色温度 ▶▶▶ 69

01 | 色温度とは　70
- 01-01 ▶ 光の色と色温度の単位────70
- 01-02 ▶ 感覚による光の色表現────70
- 01-03 ▶ 色温度とホワイトバランス────71

02 ｜ RGBレベルで色温度を変える　73
- 02-01 ▶ レベル変更による変化を見るサンプル── 73
- 02-02 ▶ 画像の色と光成分── 74
- 02-03 ▶ 「レベル」エフェクトのパラメータ── 74
- 02-04 ▶ チャンネルを切り替える── 75
- 02-05 ▶ 赤のガンマを上げる── 76
- 02-06 ▶ 赤のガンマを下げる── 77
- 02-07 ▶ シャドウ部とハイライト部のレベルを変える── 78
- 02-08 ▶ 真黒の部分に色を加える── 79
- 02-09 ▶ 真白の部分に色を加える── 80

03 ｜ トーンカーブで色温度を変える　81
- 03-01 ▶ 「トーンカーブ」エフェクトのパラメータ── 81
- 03-02 ▶ 「トーンカーブ」で寒色系にする── 82
- 03-03 ▶ 「トーンカーブ」で暖色系にする── 86

04 ｜ レンズフィルターをかける　87
- 04-01 ▶ 「レンズフィルター」エフェクトのパラメータ── 87
- 04-02 ▶ 「レンズフィルター」で暖色系にする── 87
- 04-03 ▶ 「レンズフィルター」で寒色系にする── 88
- 04-04 ▶ 色かぶりを補正する── 88

Chapter 4 ｜ レンズフレア ▶▶▶ 89

01 ｜ レンズフレアとは　90
- 01-01 ▶ レンズフレアの発生条件── 90
- 01-02 ▶ 光源とレンズフレアの位置── 91
- 01-03 ▶ レンズによるレンズフレアの違い── 91

02 ｜ レンズフレアを作る　92
- 02-01 ▶ レンズフレアを生成する── 92
- 02-02 ▶ レンズフレアを調整する── 95

03 ｜ 光源の強さを揺らす　98
- 03-01 ▶ エクスプレッションを設定する── 98

04 ｜ 光源をパスに沿って動かす　100
- 04-01 ▶ パスを作成する── 100
- 04-02 ▶ パスをキーフレームに設定する── 102

05 ｜ トラッキングして光源を動かす　107
- 05-01 ▶ 物体の動きをトラッキングする── 107
- 05-02 ▶ レンズフレアを作成する── 112
- 05-03 ▶ トラッキング結果を光源位置に適応させる── 114

06 | サードパーティ・プラグイン　117
　　06-01 ▶ サードパーティ・プラグインのメリット —— 117
　　06-02 ▶ 代表的なサードパーティ・プラグイン —— 118

Chapter 5 | 入射光 ▶▶▶ 119

01 | 入射光とは　120
　　01-01 ▶ 入射光を加える目的 —— 120
　　01-02 ▶ 天使のはしご —— 121
　　01-03 ▶ 入射光の違い —— 121

02 | 入射光の基本を作る　123
　　02-01 ▶ 光の帯の基本形を作る —— 123
　　02-02 ▶ 光の帯の調整準備をする —— 126
　　02-03 ▶ 光の帯に揺らめきを加える —— 129

03 | 入射光を作る　131
　　03-01 ▶ 細く揺らめく光彩のついた入射光 —— 131
　　03-02 ▶ 光の帯を細くする —— 131
　　03-03 ▶ 斜めに降り注ぐ光にする —— 133
　　03-04 ▶ 光彩を加える —— 135
　　03-05 ▶ 背景と合成する —— 139

04 | 天使のはしごを作る　142
　　04-01 ▶ 雲の切れ目から差し込む光 —— 142
　　04-02 ▶ 光の帯を太くする —— 142
　　04-03 ▶ ゆっくり広がる光にする —— 144
　　04-04 ▶ 雲の切れ目から注ぐ光にする —— 146
　　04-05 ▶ 光に色を加える —— 149
　　04-06 ▶ 光を最終調整する —— 151

Chapter 6 | 霧（きり）▶▶▶ 155

01 | 霧のある風景　156
　　01-01 ▶ 遠景の霧 —— 156
　　01-02 ▶ フィルターのような霧 —— 157
　　01-03 ▶ 奥行きを出す霧 —— 157
　　01-04 ▶ ダイナミックな霧 —— 159

02 | 霧の基本を作る　160
　　02-01 ▶ ベースとなるフラクタルノイズを作成する —— 160
　　02-02 ▶ 背景と合成して最終調整をおこなう —— 165

03 | 揺らめく霧を作る　167
　　03-01 ▶ 揺らめきの動きを加える —— 167

04 | 霧を動かす　170
  04-01 ▶ 全体を横移動させる——170
  04-02 ▶ 複雑な横移動を加える——172
  04-03 ▶ 最終調整をする——174

05 | 霧に奥行きをつける　176
  05-01 ▶ 次第に濃くなる霧——176
  05-02 ▶ 物体に応じた奥行きの霧——180

Chapter 7 | 塵（ちり）▶▶▶ 185

01 | 塵の舞う空間　186
  01-01 ▶ 投射光の中に舞う塵——186
  01-02 ▶ 逆光の中の塵——187
  01-03 ▶ レンズについた塵——188

02 | 漂う塵を作る　189
  02-01 ▶ 宙を舞う塵——189
  02-02 ▶ 塵の基本形を作る——189
  02-03 ▶ 塵を漂わせる——194
  02-04 ▶ 背景と合成する——196

03 | フォーカスの外れた塵　201
  03-01 ▶ レンズぼけの塵——201
  03-02 ▶ 基本となる塵を作る——201
  03-03 ▶ レンズぼけを加える——203
  03-04 ▶ 大きくぼけた塵を加える——205
  03-05 ▶ 光の色の影響を加える——208
  03-06 ▶ 塵を強調する——209

Chapter 8 | 雨 ▶▶▶ 211

01 | 雨の風景　212
  01-01 ▶ 明暗のある場所での雨——212
  01-02 ▶ ライトに照らされる雨——213
  01-03 ▶ シャッタースピードによる違い——213

02 | 基本的な雨を作る　215
  02-01 ▶ 雨の基本形を作る——215
  02-02 ▶ 背景と合成する——221

03 | 光と雨の関係性　226
  03-01 ▶ 背景の明暗と雨の見え方——226
  03-02 ▶ 描画モードによる雨の見え方——227

Chapter 9 | クリエイター：インタビュー ▶▶▶ 231

- 株式会社 旭プロダクション
  八木 寛文 Hirofumi Yagi ── 232

- 株式会社 旭プロダクション
  長谷川 洋一 Youichi Hasegawa ── 235

- 株式会社 旭プロダクション
  葛山 剛士 Takeshi Katsurayama ── 239

- 株式会社 旭プロダクション
  脇 顯太朗 Kentaro Waki ── 243
  コンポジット解説:「機動戦士ガンダム サンダーボルト」より ── 247

- 株式会社 旭プロダクション
  後藤 春陽 Haruhi Goto ── 254
  コンポジット解説:「機動戦士ガンダム 鉄血のオルフェンズ」より ── 259

- 株式会社 Khaki
  水野 正毅 Masaki Mizuno／田崎 陽太 Yota Tasaki ── 262
  コンポジット解説:「Amazon Fashion マニフェストムービー」より ── 266

- 株式会社 グラフィニカ
  吉岡 宏夫 Hiroo Yoshioka／田村 仁 Hitoshi Tamura ── 270
  コンポジット解説1:「アイドルマスター ミリオンライブ！4周年記念アニメPV」より ── 278
  コンポジット解説2:アニメ「夏目友人帳」シリーズより ── 282

- 株式会社 フラッグ
  山﨑 豪 Tsuyoshi Yamazaki／竹之内 賢児 Kenji Takenouchi ── 287
  コンポジット解説:アニメ「鬼平」より ── 291

- Lili
  新宮 良平 Ryohei Shingu ── 298
  コンポジット解説:安室奈美恵「Dear Diary」MVより ── 302

山田 豊徳 Toyotoku Yamada ── 308
コンポジット解説1:「龍の歯医者」より ── 319
コンポジット解説2:「龍の歯医者」より ── 323
コンポジット解説3:「龍の歯医者」より ── 328

INDEX ── 335

1
空間演出とは

空間演出とは、映像にフォーカスぼけや逆光、ホコリ、霧などを加えて空気感のある印象的なシーンに仕上げる演出のことです。

空間演出の概要

空間演出は、3D-CGなど本来空気の存在しない映像やカメラ撮影した平坦な映像に対して、チリや木洩れ日を加えて空気感を出したり奥行きや逆光レンズ効果を加えて印象的な映像にすることを目的としています。

▶▶▶ 01-01
空間演出の2つの目的

ドラマではシーンの舞台で役者が演技をし、それをカメラで撮影します。その時に、照明などの舞台効果で空気感が作られていると見応えのある映像になり役者を引き立てます。カメラ撮影ではさまざまなレンズや露出の設定でシーンを印象的にとらえて登場人物の感情や物語の流れを表現するエモーショナルな映像にします。この魅力的なシーン作りと撮影が空間演出の目的です。

↑モヤにより奥行きのついた空気感のある映像

▶▶▶ 01-02
空間を構成する

空気感のあるシーン作りは空間を構成する要素を意識します。第一が光で、光の方向に加え、シーンの光が強いのか弱いのか、直接光なのか間接光なのか、冷た

い感じなのか暖かい感じなのか、そういった光に関する情報を映像に盛り込みます。その他の要素は、空気中の粒子です。チリやホコリ、霧、雨、雪、などさまざまな粒子が存在し、これらは光によって見え方が大きく変わってきます。

↑窓から光の差し込む部屋の映像

▶▶▶ 01-03
空間を撮影する

シーンの要素が揃ったら、それらを印象的に撮影します。コンポジットの場合は空間要素の設定と撮影設定が密接に関係します。例えばカメラで雨を撮影する場合はシャッタースピードで見え方が変わりますが、コンポジットの場合はパーティクル設定やエフェクトなどの方法で見え方が変えられます。ですので、完成映像の目標を踏まえつつ、空間要素と撮影の2つの設定を空間演出としておこないます。

↑雨はシャッタースピードによっては粒のように写る

02 空間演出の要素

空間演出に使う要素は、映像を撮影するカメラの持つ被写界深度やレンズ特性、実際に空気中にあるチリやホコリ、雨や雪などの天候要素などで、デジタル処理でそれらをシミュレートします。

▶▶▶ 02-01
距離感を出す要素

被写体と背景との距離感を出して映像に奥行きをつける場合は、カメラの被写界深度をシミュレートしてボケを加えます。方法は、ブラーエフェクトを適用する方法と3Dレイヤーを使う方法があります。また遠景を表現する際に、大気の影響による寒色系や暖色系の色味に変更したり、霧を加える場合があります。

↑被写界深度によりわずかな長さにも距離感が出る

▶▶▶ 02-02
光源を演出する要素

映像内の光源の方向や強さを表現するためにレンズフレアや入射光を加えます。カメラ用語では光源に発するグローボールを「フレア」、光がレンズに反射して発生する丸や六角形の形を「ゴースト」と呼びますが、エフェクトではこれらを一括して生成します。入射光は差し込む光を表現するために、伸びた状態の白ボケやゴーストを作成します。

↑逆光により発生するレンズフレア

▶▶▶ 02-03
空気中の粒子

大気に存在する粒子を表現して空気感を加えます。代表的なものはホコリやチリですが、これらを作成する場合は光に当たった粒子だけが見えるようなリアルな表現が必要です。また、霧やモヤも粒子の一種と捉えることができ、遠景に生成したり画面全体に生成して被写界深度と合わせることで距離感を表現します。
また、粒子の空気中での状態の表現も重要です。チリのように漂っているのか、霧のように停滞しているのか、という状態をリアルに表現する必要があります。さらに、粒子が完全に静止していることはまずありえないので、必ず何らかの動きを加えます。一見静止しているような微量の動きでも映像になると違いが現れます。

⬆モヤにより山の距離感が際立つ

▶▶▶ 02-04
天候による要素

空気感を出す方法として天候を表現する場合があります。雨や雪などを生成するわけですが、これらはシーンの印象を大きく左右する物なので見せ方に注意が必要です。さらに、カメラのシャッタースピードや風の影響も加わるので、シーンをどのように演出するかの目的に応じた設定が必要になります。

⬆雨や雪も空間演出の要素の一つ

▶2

被写界深度

カメラのピントが合っている範囲を被写界深度といい、空間演出では距離感や空気感を出すために使います。

01 被写界深度とは

コンポジットではブラーエフェクトや3Dレイヤーを使って被写界深度を設定しますが、リアルな映像にするために実際のカメラにおける被写界深度がどのようなものかを知っておいたほうがよいでしょう。

▶▶▶ 01-01
被写界深度の目的と深さ

ポートレートで人物の背景が大きくぼけていたり、会話のシーンで向き合った手前の人物の後ろ姿がぼけているのを見たことがあると思います。こうすることで画面の主役になる被写体をはっきり見せたり距離感を出しているわけですが、このように奥行きのある場所で被写体を撮影する際、カメラの絞りや焦点距離の設定でピントが合う範囲を変更することができます。このピントが合っている範囲を「被写界深度」といい、ピントの範囲が狭い状態を「被写界深度が浅い」、広い状態を「被写界深度が深い」、という表現を使います。また、手前から奥行きまでのすべてにピントが合っている状態を「パンフォーカス」といいます。

↑ピント範囲の狭い「被写界深度の浅い」状態

↑ピント範囲の広い「被写界深度の深い」状態

↑背景までピントの合っている「パンフォーカス」状態

▶▶▶ 01-02
絞りによる被写界深度

カメラは絞りによって撮像素子に送る光量を変更でき、それに伴ってピントの合う範囲も変化します。絞りの値は「F + 数値」で表され、数値が小さいほど明るくなってピントの合う範囲が狭くなり、数値が大きくなると暗くなってピントの合う範囲は広がります。レンズの絞り構造は複数の羽根が組み合わされており、これを回転させて光の通り道となるレンズの中央部分を広げたり縮めたりします。羽根の数はレンズによって異な

↑カメラレンズの絞りは複数の絞り羽根で構成されている

り、数によって光の通り道の形状が変わってきます。数が少ないと角の少ない多角形で、数が多くなるほど円形に近くなります。この絞りの形状はカメラレンズをシミュレートしたブラーエフェクトの設定で登場するので、ここで説明した概要を覚えておくとよいでしょう。

実際の絞りによる被写界深度の変化を見てみましょう。前後に並ぶオブジェクトを、同じレンズを使って絞り値を変えて撮影します。絞り値が小さいと被写界深度が浅く、ピントの合う範囲が狭くなります。絞り値が大きくなるに従ってピントの合う範囲が広がり、被写界深度が深い状態になっていきます。

↑絞り値の小さい、被写界深度が浅い状態

↑絞り値を上げるほどピントの合う範囲が広がっていく

↑絞り値の大きい、被写界深度が深い状態

▶▶▶ 01-03
焦点距離による被写界深度

焦点距離とはカメラ内部でのレンズから撮像素子までの距離です。焦点距離を長くするほどカメラはズームして被写界深度は浅くなります。例えば、人物を遠くから望遠レンズで撮影すると背景はぼけ、広角レンズで撮影すると背景にもピントが近づきます。絞り値が同じでもレンズの焦点距離によって被写界深度が変わるので、カメラ撮影では絞りと焦点距離の組み合わせでも被写界深度を設定します。

⬆望遠レンズは被写界深度が浅い

⬆広角レンズは被写界深度が深い

前ボケ効果

被写体の前に物を置いてそれを大きくぼかすと、カメラと被写体との間の距離を感じて間接的に見ているような雰囲気になります。例えば、枝の間から被写体を撮影してフレームに入っている枝を大きくぼかすと木々の間からのぞき見している雰囲気になり、道路で手前を歩く人物を大きくぼかすとカメラと被写体の間が密集している雑踏の雰囲気になります。この効果では、手前の物体が何であるか認識できないほど大きくぼかしたほうが効果が上がる場合があります。

↑手前にある枝を大きくぼかして間接的に見ている表現にする

↑何があるか理解できないほど大きくぼかしても効果がある

▶▶▶ 01-05

ボケ味

ピントが外れてぼけている部分で、単にボケの大きさだけでなく、ボケのにじみ具合を加えて「ボケ味」という表現をします。ボケの広がり方を指して「ボケ足」と呼ばれることもあります。ボケ味は簡単に言うとボケの質のことで、絞りや焦点距離の設定だけでなくレンズによっても変わってきます。一般的に、輪郭がスムーズに広がっていく状態のボケ味が良いとされ、輪郭が重なってぼけている状態は雑味が感じられるのでボケ味が悪いとされます。

↑ボケがなめらかになるほどボケ味が良くなる

---

column │ ピン送り

被写界深度を使った映像ならではの演出方法に「ピン送り」があります。まず手前と奥の被写体のどちらかにピントを合わせおき、シーンの流れに応じてピントをもう一方の被写体に移動します。例えば、カメラの遠方にいる人物がカメラ手前に置いてある物に気づき、その物が何であるかをはっきり見せる、といった映像手法です。

02 ブラーエフェクトを使う

コンポジットで被写界深度をつける場合、ブラーエフェクトを使う方法と3Dレイヤーを使う方法の2つがあり、ここでは通常使われるブラーエフェクトを使った方法を説明します。ブラーエフェクトは種類によりボケ方が異なるので、目的にあったエフェクトを選ぶ必要があります。

▶▶▶ 02-01
ブラーの種類によるボケ味の違い

After Effectsには数種のブラーエフェクトがあり、その中で被写界深度に使用するブラーは大きく分けて3種類あります。まず、全体をぼかす一般的なブラー、次に輪郭を残して他をぼかすブラー、最後はカメラレンズをシミュレートするブラーです。それぞれの特徴を順番に説明します。

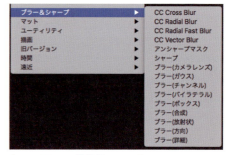
↑After Effectsに搭載されているブラーエフェクト

↑オリジナルのフッテージ

⬆全体をぼかす一般的なブラー

⬆輪郭を残して他をぼかすブラー

⬆カメラレンズをシミュレートするブラー

02-02
全体をぼかすブラー

画面全体をぼかすエフェクトで、「ブラー(ガウス)」と「ブラー(ボックス)」そしてAfter Effects CCから「旧バージョン」カテゴリに移動した「ブラー(滑らか)」がこれに当たります。「ブラー(滑らか)」は「ブラー(ガウス)」とプロパティ内容が同じですが、ブラーの方法は「ブラー(ボックス)」と似ており、「ブラー(ボックス)」の「繰り返し」プロパティを「3」にすると「ブラー(滑らか)」とほぼ同じ効果になります。

↑全体をぼかす一般的なタイプのブラー

全体をぼかすブラーには[エッジピクセルを繰り返す]というプロパティがあり、これをオンにするとブラーにより画面の端が半透明になるのを防ぐことができます。

↑[エッジピクセルを繰り返す]をオンにする

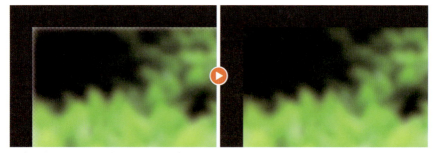
↑ブラーにより画面の端が半透明になるのを防ぐ

「ブラー(ガウス)」と「ブラー(ボックス)」のブラーを見比べると、「ブラー(ガウス)」が全体的にぼやけて周囲に広がるイメージなのに対し、「ブラー(ボックス)」はぼ

やけながらも暗い部分が引き締まるイメージです。

↑オリジナル画像

↑「ブラー(ガウス)」は全体的にぼやけて周囲に広がるイメージ

↑「ブラー(ボックス)」はぼやけながらも暗い部分が引き締まる

「ブラー（ボックス）」の［繰り返し］プロパティは［ブラーの半径］で設定したブラーを何回繰り返すか設定するもので、ブラーのボケ味を左右します。［繰り返し］の値が大きいほどボケが滑らかになりますが処理時間もかかります。

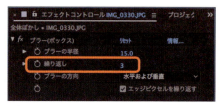
↑［繰り返し］でブラーを何回繰り返すか設定する

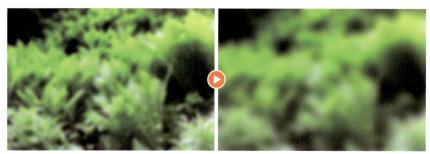
↑同じブラー半径でも繰り返しを多くすることで大きく滑らかにぼけていく

▶▶▶ 02-03
輪郭を残して他をぼかすブラー

「ブラー（バイラテラル）」と「ブラー（詳細）」は画像の輪郭を残して他の部分をぼかすエフェクトです。写真を絵画調にする「スタイライズ」カテゴリのエフェクトと効果は似ているかもしれませんが、カメラでは表現できない、エフェクトならではのぼかし効果が作成できます。

↑輪郭を残して他の部分をぼかす

輪郭とはコントラストの強い部分を示し、「ブラー(バイラテラル)」と「ブラー(詳細)」の違いは、そのコントラストの中間部分のブラー度合いです。ブラーを強くかけた場合、「ブラー(バイラテラル)」のほうがコントラストの弱い輪郭部分のボケ量が「ブラー(詳細)」より多くなります。

↑「ブラー(詳細)」はブラーを強くしても輪郭は保持される

↑「ブラー(バイラテラル)」はブラーを強くするとコントラストの弱い部分もぼける

▶▶▶ 02-04
カメラレンズをシミュレートするブラー

「ブラー(カメラレンズ)」はカメラレンズのボケをシミュレートするブラーで、プロパティにはカメラレンズの構造と同じ機能と名称のものが含まれています。

↑カメラレンズのボケをシミュレートするブラー

「ブラー(カメラレンズ)」の特徴を説明するためにはプロパティを解説する必要があります。まず基本となるブラーの強さですが、これは[ブラーの半径]で設定します。値が大きいほど大きくぼけます。

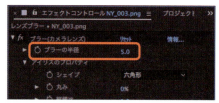
↑[ブラーの半径]でブラーの強さを設定する

↑ブラーが強くなる

「被写界深度とは/絞りによる被写界深度」の項目で、カメラレンズの絞り羽根の組み合わせとそれによる絞りの形状に関して説明しましたが、[アイリスのプロパティ]でその絞りの形状を設定します。

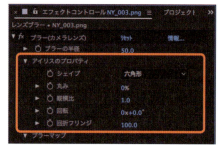
↑[アイリスのプロパティ]で絞りの形状が設定できる

［アイリスのプロパティ］の中でボケ味に大きく関わるのは［シェイプ］と［丸み］です。まず、［シェイプ］で絞り羽根の組み合わせによってできる光の通り道の形状を選びます。

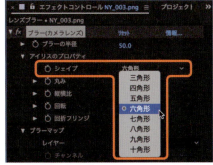

➡［シェイプ］で絞りの形状を選択する

⬆「三角形」の絞り

⬆「六角形」の絞り

2

次に［丸み］で絞りの形状の丸みを設定します。［シェイプ］で角の多い形状を選び、［丸み］の値を「100%」にすると絞りは円形になります。

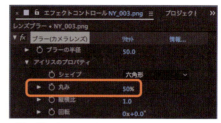

↑［丸み］で絞り形状の丸みを設定する

↑「六角形」の絞りが丸くなる

ボケ味と同様に、カメラレンズならではのボケ効果はハイライト部分にあります。全体をぼかす「ブラー（ボックス）」ではハイライト部分もぼけて広がるので暗くぼやけますが、カメラレンズでは光が拡散するので明るさを保持します。

↑オリジナルのフッテージ

↑「ブラー(ボックス)」はハイライト部分もぼけて広がる

↑「ブラー(カメラレンズ)」は光が拡散する

［ハイライト］のプロパティ群はその効果を強調するためのもので、まず［ゲイン］でハイライト部分の明るさを設定します。値が大きいほどハイライト部分の明るさが強くなります。

↑［ゲイン］を上げる

↑ハイライト部の明るさが強くなる

［しきい値］は［ゲイン］で持ち上げるハイライト部分の明るさ範囲を設定するもので、値を小さくするほど中間の明るさの部分もハイライトとして明るさが強調されます。図では景色だけですが、人物も写っている場合、［しきい値］はその人物のハイライト部分にも影響するので、全体のバランスを見ながら［しきい値］を調整します。

↑［しきい値］を下げる

↑中間の明るさの部分も明るさが強くなる

［彩度］でハイライト部分のオリジナルの色味を強調します。

↑［彩度］を上げる

↑ハイライトにオリジナルの色味が強調される

03 3Dレイヤーを使う

コンポジットで被写界深度をつけるもうひとつの方法は、3Dレイヤーにしてカメラの被写界深度を使用する方法で、カメラが動いてピントが変わるシーンなどに有効です。

▶▶▶ 03-01
3Dレイヤーによる被写界深度設定

タイムラインのレイヤーを3Dレイヤーにしてカメラレイヤーを作成し、カメラの被写界深度を設定します。そうするとピント固定のカメラで被写体を撮影するように、カメラの移動に合わせてピントが変わります。ここでは背景とキャラクターのレイヤーを3Dレイヤーにして被写界深度を設定し、さらに、カメラがキャラクターに近づくにつれてピントが合っていくシーンを作成してみましょう。操作をステップで説明します。

↑カメラが近づくにつれてキャラクターにはピントが合っていくが背景はぼけたまま

STEP 1 | 3Dレイヤーに変換する

コンポジションサイズより大きなサイズの背景素材とアルファチャンネル持ったキャラクター素材をタイムラインに配置します。
大きなサイズの素材を使う理由は、3Dレイヤーにして奥行き方向に移動した際にコンポジションと同じサイズでは素材の端が見切れてしまうからです。特に背景はキャラクターよりさらに奥に配置するため、十分な大きさのものを用意します。

↑コンポジションサイズより大きなサイズの背景素材

↑アルファチャンネル持ったキャラクター素材

↑タイムラインに配置した状態

次に、背景とキャラクターレイヤーのキューブマークの３Ｄレイヤースイッチをクリックしてオンにします。これで２つのレイヤーが３Ｄレイヤーになります。

↑背景とキャラクターレイヤーの3Dレイヤースイッチをオンにする

3Dレイヤーを選択するとコンポジションパネルにそのレイヤーの3Dハンドルが表示されます。このハンドルは3D空間におけるレイヤーの向きを表示すると同時に、レイヤーを3D移動させることができます。

↑コンポジションパネルに3Dハンドルが表示される

STEP 2 | カメラレイヤーを作成する

「レイヤー」メニューの「新規」で「カメラ」を選ぶか、タイムラインの余白を右クリックしてメニューの「新規」から「カメラ」を選びます。

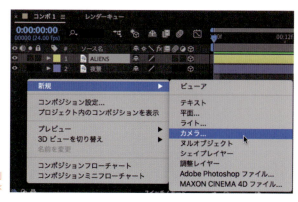

➡メニューの「新規」で「カメラ」を選ぶ

2

「カメラ設定」が開くので、ここでカメラの種類やレンズなどの設定をおこないます。大きな設定は［種類］と［プリセット］の2つです。

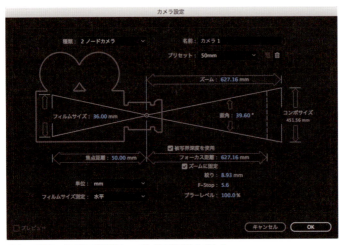

↑カメラ設定でカメラの種類やレンズなどの設定をおこなう

［種類］で「1ノードカメラ」か「2ノードカメラ」を選びます。「2ノードカメラ」にするとプロパティに［目標点］が追加され、目標点を移動するとカメラが常に目標点を撮影するよう自動的に回転します。「1ノードカメラ」では目標点がなく、カメラ自体を回転させて撮影目標をとらえます。

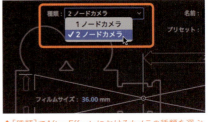

↑［種類］でAfter Effectsにおけるカメラの種類を選ぶ

［プリセット］でカメラレンズを選びます。メニューはレンズの焦点距離で、値が小さいほど広角、大きいほど望遠になります。ここではスタンダードな焦点距離である「50mm」に設定しました。その他の細かい設定に関しては後ほど説明するので、これで「カメラ設定」での設定を完了します。

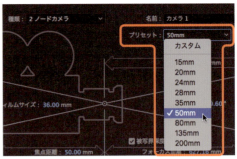

↑［プリセット］でカメラレンズを選ぶ

タイムラインにカメラレイヤーが追加されました。このレイヤーのプロパティを使ってカメラの移動や回転のアニメーションを作成します

↑タイムラインにカメラレイヤーが追加される

STEP 3 | コンポジションパネルの表示を変更する

3D作業用にコンポジションパネルの表示を分割表示に切り替えます。まず、コンポジションパネルの下部にある「ビューのレイアウトを選択」をクリックし、メニューで分割方法を選択します。ここでは「2画面 - 左右」を選びました。

↑「ビューのレイアウトを選択」でコンポジションパネルの表示を分割表示に切り替える

コンポジションパネルの表示が左右2画面になります。左右の画面の表示内容はそれぞれの画面をクリックして選択し、「3Dビュー」のメニューで選択します。ここでは左の画面を「トップビュー」、右の画面を「アクティブカメラ」にしました。

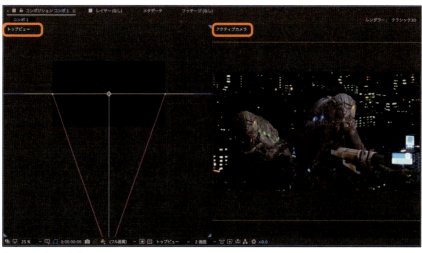

↑ここでは表示を左右2画面にした

2　左のトップビューの拡大率を下げて全体を表示します。画面中央の横線が背景とキャラクターのフッテージで、そこから下に伸びた三角形の頂点にカメラがあります。右の画面にはそのカメラが撮影している画像が表示されます。

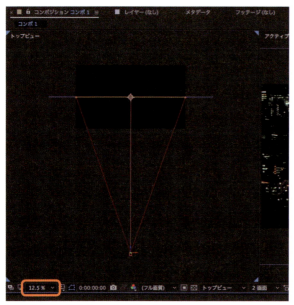

↑トップビューの拡大率を下げて全体を表示する

STEP 4　背景をキャラクターから遠ざける

背景のレイヤーを選択し、「P」キーを押して[位置]プロパティを表示します。続いてプロパティの一番右のZ座標の数値の上をドラッグして背景を奥行き方向に移動します。初期位置の座標は「0」で、数値を上げるとカメラの反対方向に移動していきます。

↑背景レイヤーを[位置]プロパティで奥行き方向に遠ざける

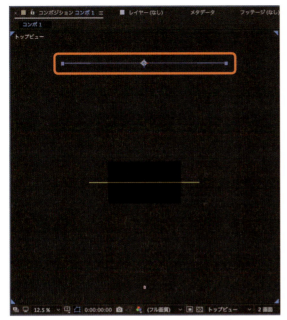

↑背景レイヤーが奥行き方向に移動する

3Dレイヤーの移動はコンポジションパネルに表示される3Dハンドルでもおこなえます。ハンドル上にポインタを持って行き、ポインタに「Z」が表示されたらその状態でドラッグします。そうするとレイヤーは奥行きにのみ移動します。

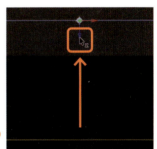

➡3Dレイヤーの移動は3Dハンドルでもおこなえる

キャラクターと背景が遠ざかりますが、カメラの被写界深度を設定していないので、どちらにもピントが合っています。

↑背景がキャラクターから遠ざかるが、ピントは両者に合っている

STEP 5 カメラの被写界深度を設定する

タイムラインのカメラレイヤーをダブルクリックして「カメラ設定」を表示し、ここで被写界深度の設定をおこないます。

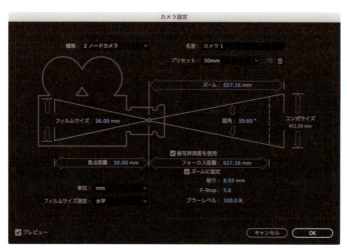

↑「カメラ設定」で被写界深度の設定をおこなう

まず［被写界深度を使用］にチェックが入っていることを確認し、［絞り］の値を上げます。［絞り］の値はレンズの開口部の大きさで、値を上げるとそれに連動して［F-Stop］の値が下がり、被写界深度が浅くなります。

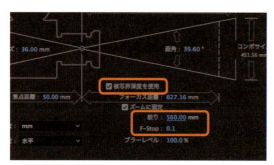

↑［被写界深度を使用］にチェックが入っていることを確認して［絞り］の値を上げる

［カメラ設定］の左下にある［プレビュー］にチェックが入っていると、［絞り］の数値変更に伴ってアクティブカメラの背景がぼやけていきます。背景が十分ぼやけたところで［カメラ設定］での被写界深度の設定を完了します。

↑［絞り］の値で背景をぼかす

「被写界深度とは／絞りによる被写界深度」の項で、カメラレンズの絞り羽根の組み合わせとそれによる絞りの形状に関して説明しましたが、カメラの［アイリスの形状］プロパティでその絞りの形状が設定できます。

→［アイリスの形状］プロパティで絞りの形状が設定できる

ここでは［アイリスの形状］を［六角形］に設定しました。背景のハイライト部分を見ると、ボケの形状が六角形に変わっています。このハイライト部分はボケ味の重要な要素で、他のプロパティでハイライトの表示具合を調整することができます。

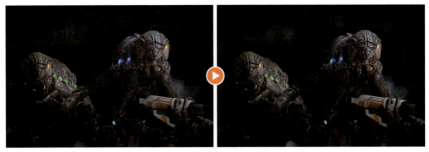

↑［アイリスの形状］を六角形に設定すると、ハイライト部の形状が六角形になる

ハイライトの強調は［ハイライトのゲイン］と［ハイライトのしきい値］の組み合わせでおこないます。［ハイライトのゲイン］はハイライト部分の明るさを設定し、値が大きいほどハイライト部分の明るさが強くなります。［ハイライトのしきい値］は［ハイライトのゲイン］で持ち上げるハイライト部分の明るさ範囲を設定するもので、値を小さくするほど中間の明るさの部分もハイライトとして明るさが強調されます。カメラの被写界深度でのハイライト設定は撮影するものすべてに影響するので、背景だけを見ずにキャラクターと併せた全体のバランスで調整します。

↑［ハイライトのゲイン］を上げて、［ハイライトのしきい値］を下げる

↑ハイライト部の明るさが強くなる

STEP 6 カメラに奥行き方向の動きをつける

カメラに奥行き方向の動きをつけてピントの変化を見てみましょう。そのためにまず、カメラレイヤーを選択し、「P」キーを押して［位置］プロパティを表示します。

↑カメラの［位置］プロパティを表示する

動きの終了フレームに時間インジケータを移動し、カメラの［位置］プロパティのストップウォッチマークをクリックしてキーフレームを設定します。ここでは「1秒」を動きの終了にしました。

↑動きの終了フレームに時間インジケータを移動して［位置］のキーフレームを設定する

次に、時間インジケータを最初のフレームに移動し、［位置］プロパティの一番右のZ座標の数値の上をドラッグしてカメラを奥行き方向に移動します。初期状態でマイナス値なので、左にドラッグしてさらにその数値を下げるとカメラはキャラクターと背景から遠ざかっていきます。カメラの移動は背景レイヤーの時と同様、コンポジションパネルの3Dハンドルをドラッグしてもおこなえます。

↑時間インジケータを最初のフレームに移動して［位置］プロパティでカメラを遠ざける

カメラが遠ざかってアクティブカメラの表示がズームアウトし、キャラクターもピントが外れてぼやけます。

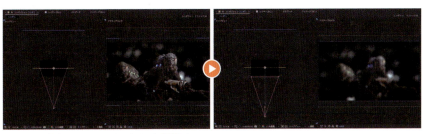
↑カメラが遠ざかってキャラクターもピントが外れる

2 プレビューすると、カメラがキャラクターに近づくにつれてピントが合ってきますが、背景はボケたままです。

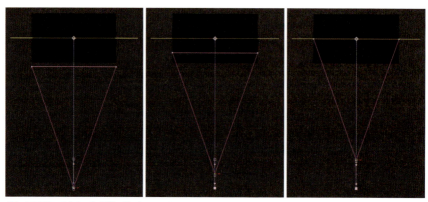

↑カメラがキャラクターと背景に近づいていくアニメーションになる

↑カメラが近づくにつれてキャラクターにピントが合う

また、キャラクターと背景の位置にも奥行きの差があるのでカメラ移動によるズーム度合いが異なり、映像に遠近感が出ています。これが3Dレイヤーで作成する被写界深度です。

↑動きが少ないので分かりづらいが、ハイライトの六角形と腕の位置を見るとカメラ移動によるズーム度合いの違いが分かる

04 前ボケを加える

被写体の手前にオブジェクトを追加合成して大きくぼかし、カメラと被写体との間の距離感を出します。場面設定やオブジェクトの内容によりぼかし具合は変わってきますが、形状が不明瞭になるほどぼかしたほうが効果があります。

▶▶▶ 04-01
前ボケで距離感を出す

カメラと被写体との距離感を出すために花を合成して前ボケを加えてみましょう。画面における手前オブジェクトの占める範囲が大きくなればなるほどキャラクターを間接的に見るイメージになります。極端な例では、画面のほとんどが手前のオブジェクトになるとキャラクターをのぞき見している表現になります。

↑前ボケを加えてカメラと被写体との間に距離感を出す

STEP 1 | 手前にオブジェクトを追加する

タイムラインにオブジェクトのフッテージを配置します。ここではアルファチャンネル付きの画像を使いましたが、アルファチャンネルがない場合はキーイングエフェクトかマスクを使って合成します。

↑タイムラインにオブジェクトのフッテージを配置する

↑ここではアルファチャンネル付きの花の画像を使用した

オブジェクトを選択し、コンポジションパネルでレイヤーハンドルをドラッグしてサイズを調整します。この時「Shift」キーを押しながらドラッグすると縦横比を保ったまま拡大／縮小がおこなえます。オブジェクトはこの後大きくぼかすので、拡大して画質が落ちてもかまいません。プロパティ数値による操作でもかまいませんが、前ボケは大胆な大きさにしたほうが効果があるので画面内で思い切りのよい操作をしたほうがよいでしょう。

↑レイヤーハンドルをドラッグしてオブジェクトを拡大／縮小する

オブジェクトをドラッグして位置を調整します。前述の通り、画面におけるオブジェクトの占める範囲でシーンの見え方が変わってくるので、演出意図に合った画面になるように位置を決めます。

↑オブジェクトをドラッグして位置を決める

STEP 2 オブジェクトをぼかす

オブジェクトにブラーエフェクトを適用します。ブラーの種類はオブジェクトの内容によって使い分けます。例えば形状や色だけを重視する枝や花などは、設定が容易で処理速度の速い「ブラー（ガウス）」や「ブラー（ボックス）」を使用し、水滴のついたオブジェクトなどハイライトの表現を加えたい場合は「ブラー（カメラレンズ）」を使用します。ここでは「ブラー（ガウス）」を適用しました。［ブラー］の値はスライダでは最大値が「50」ですが、数値入力ではそれより大きくできるので、数字の上をドラッグして数値を上げ、大きくぼかします。

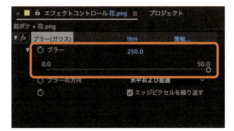

↑オブジェクトに「ブラー（ガウス）」を適用して［ブラー］の値を上げる

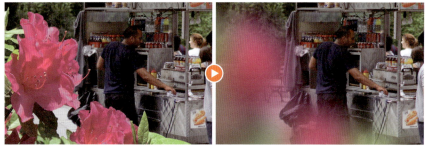

↑合成したオブジェクトが大きくぼける

例えば前ボケに使うオブジェクトに水滴が付いている場合、その水滴のハイライトを活かしたほうが効果的なブラーになります。そういった場合は「ブラー（カメラレンズ）」を適用します。ハイライトの調整方法は「ブラーの種類によるボケ味の違い」での「ブラー（カメラレンズ）」の説明を参照してください。

➡「ブラー（カメラレンズ）」を適用して、ぼかすと同時にハイライトを強調する

↑水滴の付いている葉が大きくぼけて、水滴が絞りの形状に拡散する

STEP 3 前ボケを調整する

前ボケに対して明るさや色の合成具合を調整し、画面の馴染みを良くします。使用するエフェクトは「トーンカーブ」、「色相／彩度」、「レンズフィルター」などで、目的に応じたエフェクトを選びます。代表的なエフェクトを説明しましょう。

「トーンカーブ」は輝度だけでなく色味に関してもコントロールすることができます。まずは輝度の調整をしてみましょう。プロパティの［チャンネル］を「RGB」にしてカーブを変更すると明るさが変わります。カーブを左側に湾曲させると明るくなり、右側に湾曲させると暗くなります。

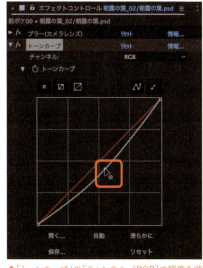
↑「トーンカーブ」の［チャンネル／RGB］で輝度を調整する

↑画面のバランスに合わせて前ボケの明るさを調整する

続いて色味の調整です。合成した前ボケの葉は背景の葉に比べて青味の多い緑色になっています。そこで、「トーンカーブ」の［チャンネル］で「青」を選び、カーブを変更して青色成分を調整します。カーブを左側に湾曲させると青みが強調され、右側に湾曲させると青みが抑えられます。

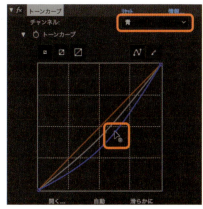
↑「トーンカーブ」の［チャンネル／青］で青色成分を調整する

↑画面のバランスに合わせて前ボケの色味を調整する

やや変則的ですが「トーンカーブ」のもうひとつの使い方として、「マットチョーク」エフェクトのようにアルファチャンネルの範囲を調整することができます。[チャンネル]を「アルファ」にしてカーブを変更するとアルファチャンネルの範囲が拡大／縮小します。

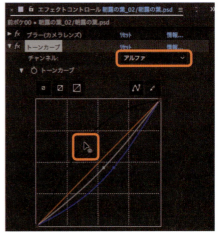

➡「トーンカーブ」の[チャンネル／アルファ]でアルファチャンネルを調整する

↑画面のバランスに合わせてアルファ範囲を拡大／縮小する

「色相／彩度」の主な用途は前ボケの彩度と明度の調整です。プロパティの[マスターの彩度]で前ボケの色の強さを調整し、[マスターの明度]で明るさを調整します。色を目立たせたい場合は、単に[マスターの彩度]を上げるだけでなく、同時に[マスターの明度]を少し下げると引き締まった色味になります。

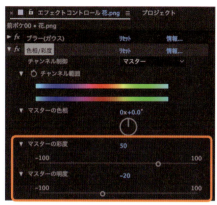

➡「色相／彩度」で前ボケの彩度と明度を調整する

↑ここでは前ボケの花の色味を強調してみた

「レンズフィルター」は前ボケを暖色系や寒色系にする他、スポイトで特定の色を指定してその色をかぶせることもできます。プロパティの[フィルター]で前ボケにかぶせる色味を選び、[濃度]でかぶせる強さを設定します。

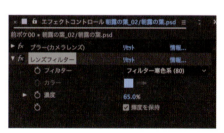

↑「レンズフィルター」で前ボケを暖色系や寒色系にする

↑ここでは前ボケの葉を寒色系に変更してみた

05 マスクでぼかし範囲を設定する

同じフッテージのレイヤーを重ね、ブラーエフェクトを適用したレイヤーの一部をマスクで切り取ってぼけていないレイヤーと合成することでフッテージに被写界深度を加えることができます。

▶▶▶ 05-01
ブラーエフェクトとマスクを使って被写界深度を加える

一枚の画像にブラーエフェクトとマスクを使って被写界深度を加える操作を説明します。この方法はリアルな被写界深度だけでなく、接写したような極端な被写界深度をつけて印象的な画面にすることもできます。また、マスク境界のぼかし度合いをコントロールできる点も大きな利点です。

↑ブラーエフェクトとマスクを使って被写界深度を加える

STEP 1 | レイヤーを重ねてブラーを適用する

被写界深度をつけるフッテージをタイムラインに重ねて配置します。同じフッテージを重ね、上のレイヤーにぼかしを加えてマスクで切り取り下のレイヤーに合成します。

↑同じフッテージをタイムラインに重ねて配置する

まず上のレイヤーにブラーエフェクトを適用してぼかします。ここでは「ブラー（ガウス）」を適用しました。

➡「ブラー（ガウス）」を適用してブラーの設定をする

↑フッテージが大きくぼける

STEP 2 | マスクを作成する

ブラーエフェクトを適用したレイヤーに、マスクツールでマスクを作成します。ここではペンツールを選びました。

ペンツールを選ぶ

レイヤーを選択した状態で、コンポジションパネルにペンツールで図形を描画してマスクを作成します。この時、ブラーがかかった状態では作業がしづらいため、タイムラインかエフェクトコントロールパネルでエフェクトをオフにしてから作業をします。ここでは顔の部分にマスクを作成しました。

↑ブラーを適用したレイヤーにマスクを作成する

2

マスクの作成が終わってエフェクトをオンにすると、上のレイヤーのマスクで切り取られた部分にブラーがかかって下のレイヤーと合成されます。

↑マスクで切り取られた部分にブラーがかかって下のレイヤーと合成される

レイヤーを選択した状態で「M」キーを押してマスクのプロパティを開き、「反転」にチェックを入れてマスクを反転させます。そうするとマスクの外側にブラーがかかるようになります。

↑［反転］にチェックを入れてマスクを反転させる

↑マスクの外側にブラーがかかるようになる

STEP 3 | マスク境界のぼかしを調整する

マスクの境界にぼかしを加え、場所によってぼかしの強弱をつけます。そのためにまず、マスクの境界のぼかしツールを選びます。

↑マスクの境界のぼかしツールを選ぶ

[マスク]プロパティを選択してコンポジションパネルにマスクを表示させます。マスクの線上にマスクの境界のぼかしツールを持っていくとツールに「+」が現れます。

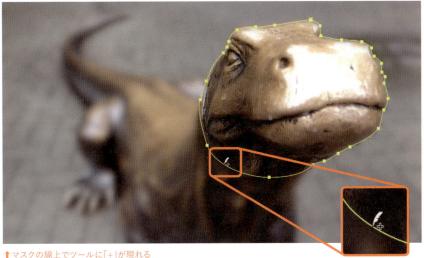
↑マスクの線上でツールに「+」が現れる

その状態でドラッグすると黒い点のハンドルが生成され、マスクの周囲にハンドルの長さ分だけ広がった点線が現れます。この点線とマスクとの間が境界のぼける範囲になります。

↑ドラッグしてぼかしの範囲を設定する

ぼかしの範囲はドラッグの方向により、マスクの内側に設定することもできます。

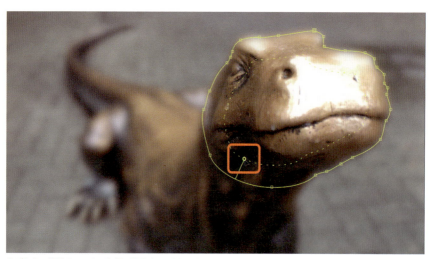

↑ぼかしの範囲はマスクの内側に設定することもできる

ぼかしポイントは選択していると黒い点になり、ドラッグしてハンドルの位置やぼかし範囲を変更することができます。この操作はキーでもおこなえ、左右の矢印キーでハンドルの移動、上下の矢印キーでぼかし範囲の変更ができます。ぼかしハンドルを削除する場合は、ハンドルを選択した状態で「Delete」キーを押します。

↑ぼかしポイントをドラッグしてハンドルの位置やぼかし範囲を変更する

ぼかしハンドルは複数作成できるので、場所によってぼかしの強弱を変えたい場合はマスク線上の他の場所でも同様の操作をおこない、ぼかしハンドルを追加します。

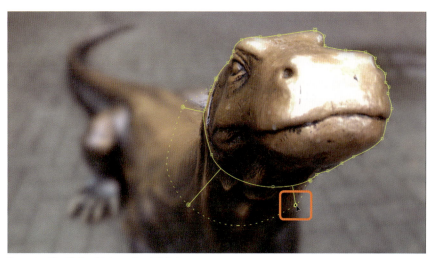

↑マスクの他の場所にぼかしハンドルを追加する

それぞれのぼかしハンドルでぼかし範囲を設定できるので、それによりマスク境界のぼかしの強弱を設定します。ここでは頭の外側のぼかしは極端に小さくし、首から胴にかけてのぼかしを大きくしました。これでマスクを使った被写界深度設定の操作は完了です。最後にタイムラインかコンポジションパネルの余白をクリックしてマスクの選択を外し、最終確認をします。

↑複数のぼかしハンドルでぼかしの強弱を設定して完了

↑マスクの選択を外して最終確認をする

STEP 4 ｜ぼかし範囲設定の その他の機能

ここからはマスク境界のぼかし範囲設定におけるその他の機能を説明します。まず、2つのぼかしハンドル間におけるぼかし範囲の点線の曲線具合は「張力」により変化します。この張力を変更する場合はマスクの境界のぼかしツールで、ぼかしハンドルを、Windowsでは「Alt」、Mac OSでは「option」キーを押しながらドラッグします。ドラッグに伴い曲線が変化します。この時、情報パネルに現在の張力のパーセンテージが表示されます。

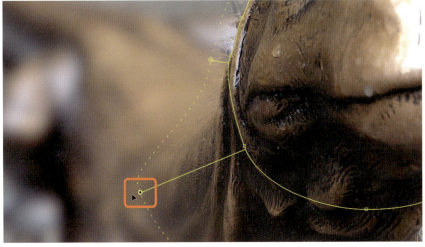

↑Winでは「Alt」、Macでは「option」キーを押しながらぼかしハンドルをドラッグする

↑情報パネルに張力のパーセンテージが表示される

ポイントの張力は値が小さいほど曲線状態になり、隣のぼかしポイントのぼかし範囲になめらかにつながります。

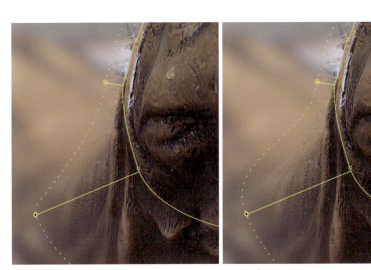

↑張力が「100％」の状態　　↑張力が「0％」の状態

マスクの一部分だけにぼかしを設定したい場合は、はじめにマスクの境界のぼかしツールでぼかしハンドルを作成する際、「Shift」キーを押しながらドラッグします。そうするとマスクのポイントの間にだけぼかし範囲が生成されます。

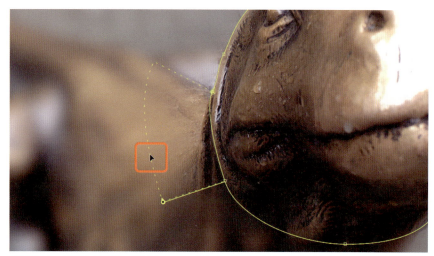

↑「Shift」キーを押しながらドラッグするとマスクのポイントの間にだけぼかし範囲が生成される

片方のぼかしハンドルをドラッグすると、その他の部分のぼかし範囲を設定することができます。

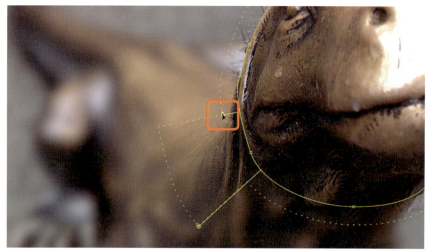

↑その他の部分のぼかし範囲を設定することができる

06 グレー画像でぼかしを調整する

ビル群や重なり合った山などの景色に対してその景色の奥行きに応じたグレースケールのフッテージを用意することで、ブラーエフェクトの強さを変化させて被写界深度を加えることができます。

▶▶▶ 06-01
グレースケールでブラーの強弱を設定する

景色の奥行きに応じたグレースケールの画像を用意し、それをレイヤーのトラックマットにしてブラーの強弱を設定します。単純な奥行きによる強弱はエフェクトで作成する白黒のグラデーションでおこなえますが、複雑な形状の画像を作成する場合はシェイプツールか外部のペイントソフトを使います。ここではPhotoshopを使ってグレースケールの画像を作成しました。

↑Photoshopで作成した奥行きに応じたグレー画像

↑ブラーエフェクトとグレースケールフッテージを使って被写界深度を加える

STEP 1 グレースケールのフッテージを用意する

ビル群を撮影した背景フッテージと、その奥行きを表すグレースケールのフッテージを用意しました。このグレースケールをマスクとして使用するので、通常は白い部分にブラーがかかることになりますが、遠くが暗いほうが感覚的になじむので図のようなグレースケールにしました。

↑背景フッテージ

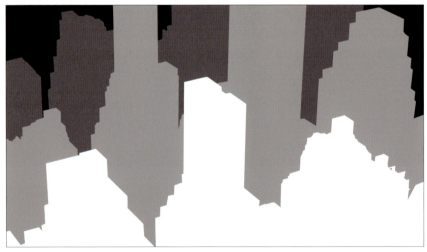

↑背景の奥行きに応じたグレースケールフッテージ

STEP 2 ぼかしたレイヤーをトラックマットで合成する

背景フッテージをタイムラインに重ねて配置し、上のレイヤーにブラーエフェクトを適用してぼかします。ここでは「ブラー（ボックス）」を適用しました。

↑同じフッテージをタイムラインに重ねて配置する

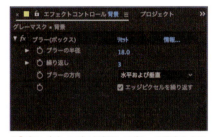
↑「ブラー（ボックス）」を適用してブラーの設定をする

↑背景フッテージがぼける

次に、グレースケールのフッテージを一番上のレイヤーに配置します。このグレースケールの輝度を使ってブラーを適用した上のレイヤーを一番下のレイヤーに合成します。

↑グレースケールのフッテージを一番上のレイヤーに配置する

Photoshopで作成したこのグレースケールの画像は、ビルの形状をトレースして奥行きに応じた濃さのグレーで塗りつぶしたものです。一番奥が真黒、一番手前のビルが真白、その間を2段階のグレーで塗りつぶしてあり、この明るさの違いでブラーエフェクトを適用したレイヤーの不透明度を調整するわけです。通常のマスク操作ではブラーのかからない手前のビルを真黒にしますが、画像を作成する際は手前を白くした方が感覚的に自然で作業しやすいので、このような明度で作業を進め、マスクを設定する時に反転させます。

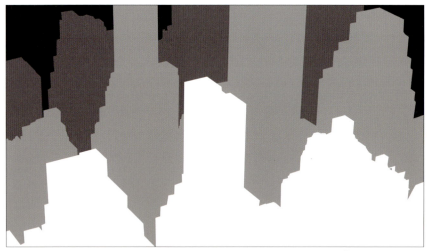

↑コンポジションパネルにはグレースケールが表示される

ブラーを適用した上の背景レイヤーのトラックマットを「ルミナンスキー反転マット」にします。

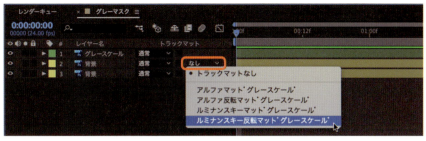

↑ブラーを適用したレイヤーのトラックマットを「ルミナンスキー反転マット」にする

グレースケールのレイヤーが自動的に非表示になります。グレースケールの輝度によりブラーを適用したレイヤーの合成具合が変化し、グレースケールの明るい部分ほど透明に合成され、ぼかしが弱くなります。

↑グレースケールの輝度に応じてぼかしの強弱が変わる

ブラーを適用したレイヤーがトラックマットによりどのように合成されているか、ソロスイッチをオンにしてこのレイヤーだけを見てみましょう。コンポジションの背景は透明グリッドにしてあります。これを

↑ソロスイッチをオンにしてブラーを適用したレイヤーだけを見る

見ると、グレースケールの白い部分が完全に透明で、黒い部分が完全に不透明になっていることが分かります。これがトラックマットを「ルミナンスキー反転マット」にした結果です。

↑グレースケールの白が完全に透明で、黒が完全に不透明になっている

STEP 3 | グレースケールによるブラー強弱の調整

ベースとなるぼかしの量は、適用した「ブラー（ボックス）」のプロパティで調整しますが、ぼかしの強弱の調整はトラックマットに使用しているグレースケールのレイヤーでおこないます。グレースケールの輝度やコントラストを変化させることでぼかしの強弱が変化するので、グレースケールのレイヤーに「トーンカーブ」や「レベル」などの明るさ調整のエフェクトを適用します。ここでは「レベル」を適用して操作の説明をおこないます。

↑ぼかしの強弱の調整はグレースケールのレイヤーでおこなう

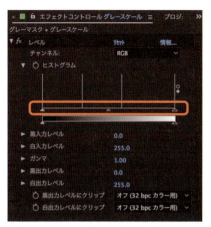

トラックマットに使用したレイヤーは自動的に表示がオフになりますが、ここからの説明ではグレースケールの変化と併せて「レベル」のプロパティを説明します。まず、[ヒストグラム]上段にある3つのスライダですが、左は[黒入力レベル]でシャドウ部分、中央は[ガンマ]で中間部分、右は[白入力レベル]でハイライト部分の明るさを変更します。

↑「レベル」エフェクト[ヒストグラム]上段の3つのスライダ

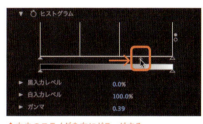

[ヒストグラム]上段中央のスライダを右にドラッグして[ガンマ]の値を下げてみましょう。そうすると、グレースケールの中間の明るさ部分が暗くなり、その結果ブラーのかかったレイヤーの不透明度が上がってぼかした部分が多くなります。

↑中央のスライダを右にドラッグする

↑[ガンマ]が下がって中間部分が暗くなる

↑ぼかした部分が多くなる

次に[ヒストグラム]下段の両脇にあるスライダですが、左は[黒出力レベル]で黒をグレーに、右は[白出力レベル]で白をグレーにすることができます。

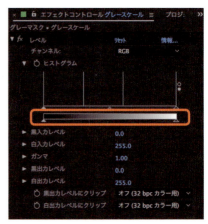

↑[ヒストグラム]下段の2つのスライダ

[ヒストグラム]下段右端のスライダを左にドラッグして[白出力レベル]の値を下げてみましょう。そうすると、白の最大値が下がって真白だった部分が暗くなります。その結果ブラーのかかったレイヤーが透明だった部分も半透明で表示されるようになり、全体がぼやけます。

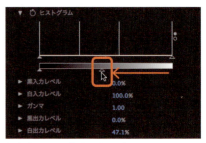

↑右端のスライダを左にドラッグする

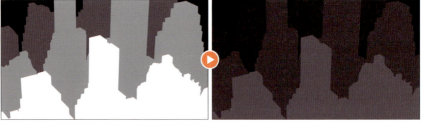

↑[白出力レベル]が下がって白100%だった部分がグレーになる

↑ピントの合った部分がなくなり全体がぼける

▶ 3

色温度

色温度は光の色を表し、光源の温度で光の色が変わることから温度によって色の違いを表現します。

01 色温度とは

空間演出では色温度を調整してシーンの時間帯や遠くの物との距離感を表現します。ここでは空間と色温度の関係について簡単に説明します。

▶▶▶ 01-01
光の色と色温度の単位

自然界の光の色は光源の温度によって変化します。温度が低い場合はオレンジ色で、温度が高くなるにつれて、黄色、白、青へと変化します。光の色を表す単位はこの光源の温度と光の色の関係をもとに温度の単位である「K(ケルビン)」が使われます。時間と共に変化する太陽光の色を色温度の単位で表すと、朝や夕方の光はおよそ1000～3000Kです。昼間の光はおよそ5000～7000Kです。空間演出においてこの単位が使われることはあまりありませんが光に関する知識として覚えておいてください。

▶▶▶ 01-02
感覚による光の色表現

色温度では温度が高くなるにつれて光がオレンジ色から青色へと変化するわけですが、面白いことに人間の感覚としてはその逆です。オレンジ色の光に温かさを感じ、青い光に寒さを感じます。これを表現して、ロウソクや電球などのオレンジ系の光を「暖色系」、蛍光灯やLEDなどの青色系の光を「寒色系」といいます。空間演出ではこの光の色による印象の違いを多く利用します。例えば、感情的な夕暮れのシーンでは極端に暖色系に、無機質で人工的な室内のシーンでは極端に寒色系にする、といった効果を加えます。

この色温度による感覚の違いは映画の中で効果的に使われています。例えば終始ナチュラルな色味の中、印象的な会話のシーンだけ暖色系にして観客の気持ちを誘導したり、SF映画のように常に寒色系にして緊張感を醸し出す、といった使い方をします。

↑ 暖色系の光のシーン

↑ 寒色系の光のシーン

▶▶▶ 01-03
色温度とホワイトバランス

カメラに備わっているホワイトバランス機能は、夕暮れや日中など色温度の違う環境で白い物を正しく白く撮影する機能です。これは、例えば白いシャツが、夕陽ではオレンジ色、蛍光灯の下では青色に変わる、いわゆる「色かぶり」を防ぐためですが、空間演出ではホワイトバランス調整された映像にあえて色かぶりを加える場

合があります。これによりシーンをより感情的にするために、空間演出においては一般的に正しいとされている映像が必ずしも良い映像とは限りません。

実写映像の場合、撮影時にホワイトバランスを変えて撮影することもできますが、大抵の場合は編集後のカラーグレーディング作業で色味を調整します。

図は撮影時にホワイトバランスを変えて撮影したものです。ホワイトバランスが変わることで映像の印象も変わることが分かります。

↑ホワイトバランスの正しいシーン

↑ホワイトバランスを変更して撮影したシーン

02 RGBレベルで色温度を変える

「レベル」エフェクトを使い、フッテージの画像を構成する色成分のバランスを変更して色温度を変えてみましょう。ここではステップで操作を説明するのではなく、「レベル」エフェクトのパラメータに対する色成分の変化について説明します。

▶▶▶ 02-01
レベル変更による変化を見るサンプル

ここでは「レベル」エフェクトの機能を分かりやすく説明するために、図のような画像を用意しました。上にはほとんど色味のない景色、下にはグレーとRGBのバーがあります。すべてのバーが右に行くに従って明るくなり、グレーのバーは明るさの変化、RGBのバーは色成分の量の変化を表しています。このサンプルを使って色レベルの変化を見ます。

↑色レベルの変化を見るためのサンプル画像

▶▶▶ 02-02
画像の色と光成分

ここで画像の色と光の関係について説明します。これが分からないとレベル変更による色の変化の説明が理解しづらいためです。赤色の成分で説明してみましょう。まず画像の中で赤成分が100%の部分ですが、当然真赤な部分がそうです。が、光においては真白い部分も赤成分が100%です。赤、青、緑のライトを一箇所に集中させた状態を想像してください。光が強くなり白くなります。逆に暗い部分はライトが当たらず色成分が少ない状態で、真黒には色成分が存在しません。つまり、インクで表現する画像と光で表現する画像は色成分の量という点では真逆なわけです。

↑画像の真白部分を情報パネルで見ると
　RGBすべてが100%

↑画像の真黒部分を情報パネルで見ると
　RGBすべてが0%

▶▶▶ 02-03
「レベル」エフェクトのパラメータ

「レベル」エフェクトを適用すると、エフェクトコントロールパネルには図のようなパラメータが表示されます。一番上の［チャンネル］で調整するチャンネルを選び、その下の［ヒストグラム］にあるスライダでレベルを調整します。スライダの位置は下の数値パラメータと連動しているので、数値入力によりレベルを調整することもできます。

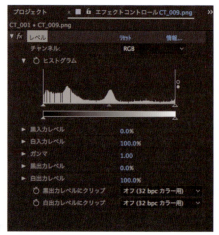

➡「レベル」エフェクトのパラメータ

▶▶▶ 02-04
チャンネルを切り替える

［チャンネル］でレベル操作するチャンネルを選びます。初期設定の「RGB」はR、G、B、すべてのチャンネルのレベルを同時に操作するので、結果的に画像の色味ではなく明るさを調整することになります。ここでは「赤」を選んで、画像の赤色成分を変化させてみましょう。

➡［チャンネル］でレベル操作するチャンネルを選ぶ

［チャンネル］を「赤」にすると、［ヒストグラム］がRチャンネルの表示に切り替わり、下のプロパティもRチャンネル用のものになります。ヒストグラムの右にあるボタンで、選択したチャンネルのみを表示するか、RGBを重ねて表示するかを切り替えることができます。

➡プロパティがRチャンネル用に切り替わる。［ヒストグラム］の右にあるボタンで、他のチャンネルを重ねて表示することもできる

ヒストグラムは画像内にある色成分の量を示すもので、例えば赤50％から黒（赤0％）へ変わるドットのグラデーションでは図のようになります。

➡ヒストグラムの表示例

02-05
赤のガンマを上げる

最初に、[ヒストグラム]上段の中央にあるスライダを動かして赤のガンマを変化させてみましょう。まずスライダを左に移動すると、それに連動して[赤のガンマ]プロパティの値が上がります。

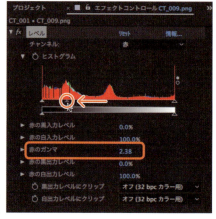

➡[ヒストグラム]中央のスライダをドラッグして[赤のガンマ]値を上げる

画像の下のバーを見ると、GとBのバーに変化はありませんが、Rのバーの明るい赤の範囲が多くなり、グレーのバーが赤くなります。グレーのグラデーションはRGBの明るさが均等に変化していく状態で、これに対して赤成分が増えるので全体が赤くなるわけです。上の画像は全体に赤色が乗った画像になり、暗い部分も赤く明るくなります。RGBすべてが100％の真白な空の部分とすべてが0％の影の真黒部分には変化がありません。

↑GとBのバーに変化はなく画像全体に赤色が乗る

変更前後の画像をPremiere Proのビデオスコープで比較してみると、赤の波形が一番上と下を残して全体的に上がり、ガンマカーブが上に反っています。

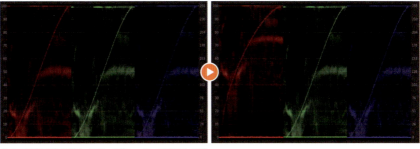

↑赤の波形が全体的に上がってガンマカーブが上に反る

▶▶▶ 02-06
赤のガンマを下げる

次に、スライダを右に動かして[赤の
ガンマ]値を下げてみましょう。

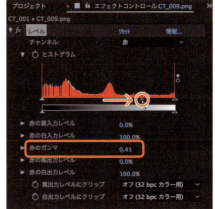

→[ヒストグラム]中央のスライダをドラッグして[赤のガンマ]値を下げる

画像の下のバーを見ると、GとBのバーには変化はありませんが、Rのバーの黒い範囲が多くなり、グレーのバーが青緑色になります。上の画像は全体に赤色成分がなくなり青緑が乗った画像になりますが、真白な空の部分と影の真黒部分には変化がありません。

↑GとBのバーに変化はなく画像全体に赤色が乗る

変更前後の画像をPremiere Proのビデオスコープで比較してみると、赤の波形が一番上と下を残して全体的に下がり、ガンマカーブのスタートが緩やかになっています。

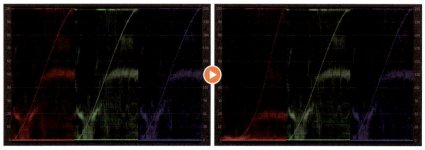

⬆赤の波形が全体的に下がってガンマカーブのスタートが緩やかになる

▶▶▶ 02-07
シャドウ部とハイライト部のレベルを変える

［ヒストグラム］上段両端のスライダは［赤の黒入力レベル］と［赤の白入力レベル］で、シャドウ部分とハイライト部分の赤色成分の量を変更し、中央部のスライダと組み合わせて、例えばシャドウ部の赤成分を少なくして他は多くする、といった操作ができます。

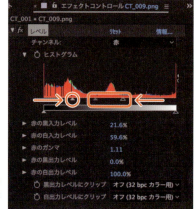

➡［ヒストグラム］上段両端のスライダもドラッグしてシャドウ部とハイライト部のレベルを変える

⬆ここではシャドウ部の赤成分を少なくして他は多くしてみた

▶▶▶ 02-08
真黒の部分に色を加える

ガンマでは変えられなかった真白と真黒な部分の色味を変えてみましょう。その場合は［ヒストグラム］のグレーのバー両端にあるスライダを使います。まず左端のスライダを右に移動すると、それに連動して［赤の黒出力レベル］の値が上がります。

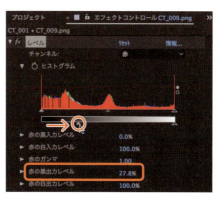

➡［ヒストグラム］下段左端のスライダをドラッグして［赤の黒出力レベル］値を上げる

画像の真黒部分に赤色が乗ります。これは、スライダで赤成分量の最小値を上げたからで、他のチャンネルが0％になるところを赤だけが残るようになります。赤の最大値は変えていないので、真白の部分には変化がありません。

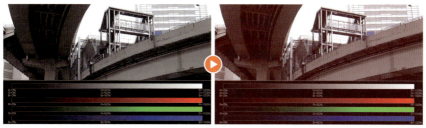

⬆画像の真黒部分に赤色が乗る

変更前後の画像をPremiere Proのビデオスコープで比較してみると、赤の波形の下限が上に上がっています。

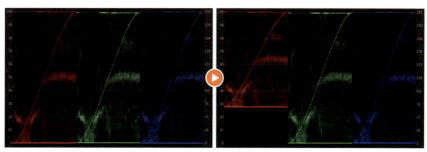

⬆赤の波形の下限が上に上がる

02-09
真白の部分に色を加える

続いて右端のスライダを左に移動してみます。それと連動して[赤の白出力レベル]の値が下がります。

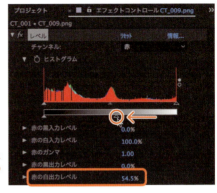

→[ヒストグラム]下段右端のスライダをドラッグして[赤の白出力レベル]値を下げる

画像の真白部分に青緑色が乗ります。これは、スライダで赤成分量の最大値を下げたからで、他のチャンネルが100%になるところを赤はそれより小さい値で上限に達します。それで真白部分は赤色成分の足りない状態になります。赤の最小値は変えていないので、真黒の部分には変化がありません。

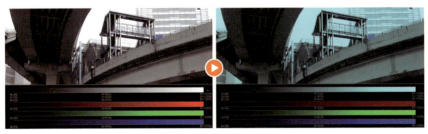

↑画像の真白部分から赤色が抜ける

変更前後の画像をPremiere Proのビデオスコープで比較してみると、赤の波形の上限が下に下がっています。

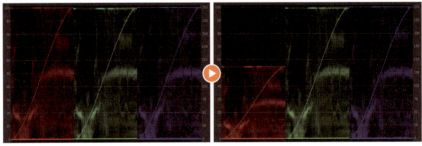

↑赤の波形の上限が下に下がる

03 トーンカーブで色温度を変える

「トーンカーブ」エフェクトは「レベル」と同様、RGB各チャンネルのレベルを調整できますが、より細かいレベルカーブを設定できることと、カーブを保存／読み込みできることが利点です。

▶▶▶ 03-01
「トーンカーブ」エフェクトのパラメータ

「トーンカーブ」エフェクトを適用すると、エフェクトコントロールパネルには図のようなパラメータが表示されます。一番上の［チャンネル］で調整するチャンネルを選び、その下の［トーンカーブ］でレベルのカーブを、ドラッグもしくは鉛筆ツールによる直接描画で設定します。設定したカーブは、下の［保存］で保存し、［開く］で読み込むことができます。

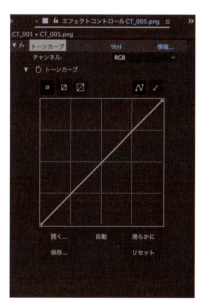
↑「トーンカーブ」エフェクトのパラメータ

↑［チャンネル］で調整するチャンネルを選ぶ

03-02
「トーンカーブ」で寒色系にする

ここでは図の色温度を「トーンカーブ」エフェクトで変更して寒色系にします。「トーンカーブ」の特徴である、細かいカーブが設定できる利点を活かしてこの画像の中間の明るさ部分を中心に色温度を変更してみましょう。ここからは操作をステップで説明します。

↑各チャンネルのカーブの変化を見るためのサンプル画像

STEP 1 | 赤色成分を減らす

寒色系は青味がかった画面ですが、単に青色を加えるだけでは自然な色味になりません。操作はまず青以外の色味を減らすことから始めます。まず［チャンネル］を「赤」にし、Rチャンネルのカーブを前面に出した状態でカーブを右下にドラッグします。カーブが下に反って画面から赤色の成分が減少します。ここでは中央を下げつつ下の部分を少し元に戻しました。こういったカーブを形成できるのが「トーンカーブ」の利点です。

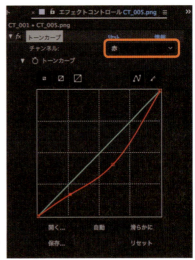

➡［チャンネル］を「赤」にしてRチャンネルのカーブを下に反らせる

↑画面から赤色の成分が減少する

STEP 2 緑色成分を減らす

画面が緑がかっているので、今度は[チャンネル]を「緑」にしてGチャンネルのカーブを下に反らせます。そうすると画面から緑色の成分が減少して青っぽくなりますが、寒色系にしたい中間の明るさ部分の色味はまだそれほど青くありません。

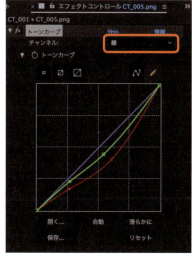

→[チャンネル]を「緑」にしてGチャンネルのカーブを下に反らせる

↑画面から緑色の成分が減少するが中間の明るさ部分はそれほど青くない

STEP 3 青色成分を増やす

青色成分を増やすために［チャンネル］を「青」にしてBチャンネルのカーブを上に反らせます。そうすると中間の明るさ部分も青くなります。

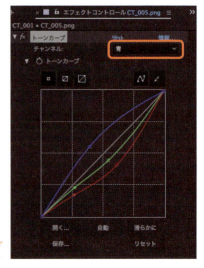

➡［チャンネル］を「青」にしてBチャンネルのカーブを上に反らせる

⬆画面の青色の成分が増えて中間の明るさ部分も青くなる

シャドウ部の青色が強いので、抑えるためにBチャンネルのカーブの下の部分を右にドラッグして元の位置近くまで戻します。そうするとシャドウ部から青色が減少します。

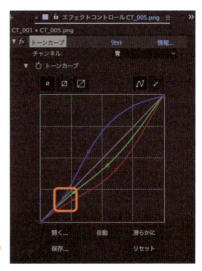

➡Bチャンネルのカーブの下の部分を元の位置に戻す

↑シャドウ部から青色が減少して自然な感じになる

STEP 4 明るさを上げる

赤と緑を減少させて青だけを増やしたので全体に光の足りない状態になっています。そこでカーブの中央にある白い線をドラッグしてRGBのカーブを上に反らせて画面を明るくします。これで画像が自然な寒色系になりました。図では操作前の状態と見比べてみました。

➡RGBのカーブを上に反らせる

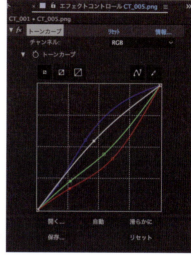

↑画像が寒色系になった

---

column │ 真黒と真白部分の保持

通常の色補正では真黒と真白の部分には色を加えません。したがって、カーブをドラッグする時は上端と下端を動かさないように操作します。

03-03
「トーンカーブ」で暖色系にする

画像を暖色系にする場合は、寒色系にした時と同様の操作で、緑と青を減少させて赤を増やします。

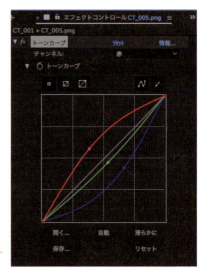

➡RGB各チャンネルのカーブを操作して緑と青を減少させて赤を増やす

↑画像が暖色系になった

ここでは色成分の多い中間の明るさ部分を調整しましたが、中間を保持して明暗部分を調整する場合は図のように2点で形成するカーブで調整します。

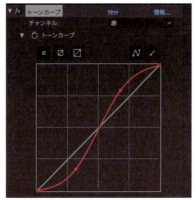

➡明暗部分を調整するカーブ

04 レンズフィルターをかける

「レンズフィルター」エフェクトは実際にある色付きのカメラレンズフィルターをシミュレートしたエフェクトで、一番簡単に画像を寒色系／暖色系に変更できます。

▶▶▶ 04-01
「レンズフィルター」エフェクトのパラメータ

「レンズフィルター」エフェクトのパラメータは、まず［フィルター］でレンズフィルターのプリセットを選び、［濃度］でフィルターの強さを設定します。色がついて画面が暗くならないように［輝度を保持］にチェックを入れておきます。

↑「レンズフィルター」エフェクトのパラメータ

▶▶▶ 04-02
「レンズフィルター」で暖色系にする

暖色系にしてみましょう。プリセットを選ぶだけで画像が暖色系になり、［濃度］で色のかかり具合を調整します。ここでは分かりやすくするために［濃度］を「80%」にして強くフィルターをかけました。

↑［プリセット］の「フィルター暖色系(85)」を選んで［濃度］を強くした

↑画像が暖色系になる

▶▶▶ 04-03
「レンズフィルター」で寒色系にする

今度は［プリセット］の中から「フィルター寒色系（80）」を選んで寒色系にしてみましょう。このようにワンタッチで自然な色温度に変更できる点が「レンズフィルター」エフェクトの大きな特徴です。

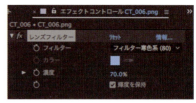
↑［プリセット］の「フィルター寒色系（80）」を選んで［濃度］を強くした

↑画像が寒色系になる

▶▶▶ 04-04
色かぶりを補正する

「レンズフィルター」エフェクトを使って色かぶりを補正することもできます。かぶっている色の補色のフィルターを設定するわけですが、まずはプリセットを選んで除去具合を見るとよいでしょう。

↑［プリセット］の中から色かぶりを除去するフィルターを探す

↑緑色の色かぶりが除去された

▶ 4

レンズフレア

光がレンズに直接あたることで発生する光の拡散やハイライトをレンズフレアと呼び、光源をダイナミックに表現するために使います。

01 レンズフレアとは

太陽や強いライトにカメラを向けるとレンズフレアが発生します。光源部分の光の拡散を「フレア」、一定方向に広がる六角形や円のハイライトを「ゴースト」といい、それらをまとめて「レンズフレア」と呼びます。

▶▶▶ 01-01
レンズフレアの発生条件

レンズフレアはカメラレンズ内での光の反射や表面の汚れにより発生します。レンズフレアは一昔前まで映像ノイズと捉えられ、レンズの構造や表面のコーティング技術により現在のレンズではレンズフレアが生じにくいようになっています。実際のレンズフレアで光源位置や光量による変化を見たい場合はスマートフォンで光を撮影してみてください。一眼レフと違いスマートフォンのレンズはコーティングが甘いのでレンズフレアが発生する確率が上がります。

↑実際のレンズフレアを見たい場合はスマートフォンで光を撮影するとよい

▶▶▶ 01-02
光源とレンズフレアの位置

レンズフレアの成分の中でもゴーストはカメラと光源の位置関係で発生する場所が異なります。例えばカメラを固定して横に移動する光源を撮影するとゴーストの生じる場所が変化します。

↑カメラと光源の位置によってゴーストが生じる場所が変化する

▶▶▶ 01-03
レンズによるレンズフレアの違い

レンズの構造や表面の状態によってレンズフレアが生じます。したがって、レンズが変わればレンズフレアの形状も変わります。もし実写撮影した映像にレンズフレアを加える場合、他のカットで撮影によるレンズフレアが発生している時はそのレンズフレアに似た物を合成しないとシーンに整合性が取れなくなってしまいます。

↑レンズによってレンズフレアの形状が異なる

02 レンズフレアを作る

コンポジットでレンズフレアを加える場合は「レンズフレア」エフェクトを使います。空間演出では光源をダイナミックに演出するために使うので、静止した状態のままは避けて明るさや位置を微妙に変化させます。ここではまず基本的なレンズフレアの作成方法をステップで説明します。

▶▶▶ 02-01
レンズフレアを生成する

シーンにレンズフレアを加える場合は、映像フッテージに適用せずレンズフレア用の平面レイヤーを作成します。個別のレイヤーにする理由は、光源の移動や強さの調整操作を容易にするためです。ここでは木漏れ日によるレンズフレアを加えてみましょう。

↑木陰の画像に木漏れ日によるレンズフレアを加える

STEP 1 | 新規平面を作成する

タイムラインの余白を右クリックしてメニューから「新規／平面」を選ぶか、Windowsは「Ctrl」+「Y」、Mac OSでは「⌘」+「Y」キーを押して新規平面を作成します。この平面にレンズフレアを生成するわけですが、その後描画モードで映像フッテージと合成するので、平面は必ず黒にします。

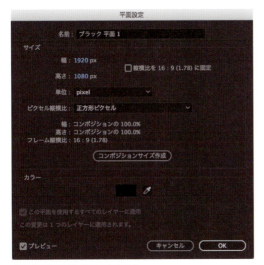

↑新規平面で黒い平面を作成する

↑このレイヤーにレンズフレアを生成する

STEP 2 ［レンズフレア］を適用する

平面レイヤーに「レンズフレア」エフェクトを適用すると、黒い平面にレンズフレアが生成されます。

↑平面に「レンズフレア」エフェクトを適用する

↑レンズフレアが生成される

STEP 3 | レイヤーの描画モードを変更する

平面レイヤーの描画モードを「スクリーン」にし、黒い部分を透明にして下のレイヤーと合成します。

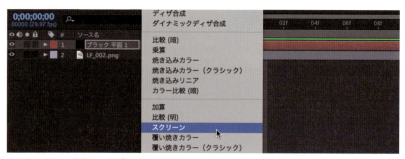
↑平面レイヤーの描画モードを「スクリーン」にする

---

column | 描画モードによる合成

黒い平面に生成したレンズフレアを背景に合成する描画モードは数種あります。「スクリーン」は平面に生成したレンズフレアをそのままの状態で合成するので一番よく使われるモードですが、それ以外にも「加算」「覆い焼きカラー」で光源部分を強調した合成や、「オーバーレイ」「ハードライト」などで平面の黒色も影響する合成をすることができます。

↑下のレイヤーにレンズフレアが合成される

▶▶▶ **02-02**
レンズフレアを調整する

プロパティを使ってレンズフレアを調整します。一番大きな調整はレンズの種類の選択で、これによりレンズフレアの形状や色が変わります。

STEP 1 | 光源の位置を設定する

光源を設定するために、まず[光源の位置]プロパティの十字ポインタをクリックし、続いてコンポジションパネルで光源位置にしたい場所をクリックします。そうするとレンズフレアの光源がその場所に移動します。

↑[光源の位置]プロパティの十字ポインタをクリックする

↑コンポジションパネルで光源位置にしたい場所をクリックする

光源の位置を再調整する場合はコンポジションパネル内の光源位置にある十字ポインタをドラッグするか、[光源の位置]プロパティの数値を変更します。

↑十字ポインタをドラッグして光源を移動することができる

STEP 2 | レンズの種類を選ぶ

［レンズの種類］でレンズを選び、レンズフレアの形状を変えます。同じシーンの中にすでにレンズフレアのカットがある場合はそのフレアに近いものを選び、それ以外の場合は合成する映像にマッチしたものを選びます。

↑［レンズの種類］でレンズを選ぶ

↑レンズフレアの形状が変わる

STEP 3 | フレアの明るさを設定する

［フレアの明るさ］で光源の明るさを設定し、レンズフレアの強さを調整します。これでレンズフレアの基本は完成です。

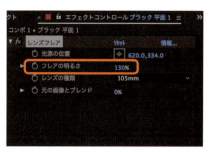
↑［フレアの明るさ］で光源の明るさを設定する

↑レンズフレアの強さが変わる

03 光源の強さを揺らす

レンズフレアを生成する光源の強さを揺らしてみましょう。具体的には［フレアの明るさ］プロパティの値をランダムに上下させるわけですが、方法はエクスプレッションを使います。

▶▶▶ 03-01
エクスプレッションを設定する

エクスプレッションはプロパティを制御する言語です。ここでは［フレアの明るさ］にエクスプレッションを設定して明るさの値をランダムに揺らします。

↑エクスプレッションでレンズフレアの強さを揺らす

STEP 1 | エクスプレッションを入力する

タイムラインでレンズフレアのレイヤーを開き、［フレアの明るさ］プロパティのストップウォッチを、Windowsは「Alt」、Mac OSでは「option」キーを押しながらクリックしてエクスプレッションの入力待機状態にします。

↑［フレアの明るさ］プロパティをエクスプレッション入力待機状態にする

エクスプレッションフィールドにエクスプレッションを入力します。ここでは「Wiggle（10,5）」と入力しました。この「Wiggle」は「振動させる」という命令で、()の中の最初の値は1秒間に何回振動させるか、次の値は振動の強さです。なので「Wiggle（10,5）」は「1秒間に10回、5の振れ幅で振動する」という命令です。

↑エクスプレッションフィールドに「Wiggle(10,5)」と入力する

STEP 2 | 揺れ具合を調整する

プレビューしてレンズフレアの揺れを確認します。ゆったりとした揺れにする場合は()の最初の数値を小さくして振動数を減らし、チラチラする揺れにする場合は数値を大きくします。エクスプレッションを消去する場合は、[フレアの明るさ]プロパティのストップウォッチを、Windowsは「Alt」、Mac OSでは「option」キーを押しながら再びクリックします。

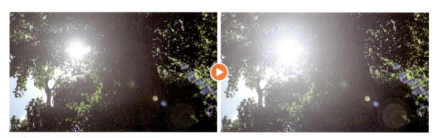

↑プレビューしながら揺れ具合を調整する

---

column | ランダム値を生成するもうひとつの機能

プロパティ値をランダムに変化させる機能は他に「ウィグラー」があります。これは2つのキーフレーム間にランダムな値のキーフレームを生成する機能ですが、後の変化量や変化の周期の調整はエクスプレッションのほうが簡単です。

04 光源をパスに沿って動かす

光源を動かす場合は[光源の位置]をキーフレームでアニメートします。単純な動きはキーフレーム設定でかまいませんが、ここではパスに沿った複雑な動きの設定方法をステップで解説します。

▶▶▶ 04-01
パスを作成する

光源の軌跡のパスはマスクパスやIllustratorのパスを使用することができますが、ここではシェイプレイヤーで作成したパスをモーションパスに使用します。パスを光源のモーションパスに適用する方法はいずれも同じです。

↑モーションパスに沿って光源を動かす

STEP 1 新規シェイプレイヤーを作成する

レンズフレアを設定した後に、タイムラインの余白を右クリックしてメニューから「新規/シェイプレイヤー」を選びます。

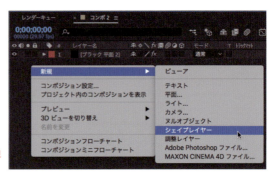

→右クリックメニューから「新規/シェイプレイヤー」を選ぶ

作成したシェイプレイヤーに光源のモーションパスを描画します。ここではベジェ曲線を描画してみましょう。

↑このシェイプレイヤーに光源のモーションパスを描画する

STEP 2 | ベジェ曲線を描画する

シェイプレイヤーを選択した状態でペンツールを選択します。

↑ペンツールを選択する

モーションパスが見やすいようにシェイプの塗りと線の設定をおこないます。ここでは塗りを透明にして線を白色にしました。

↑シェイプの塗りと線を設定する

コンポジションパネルにベジェ曲線を描画します。

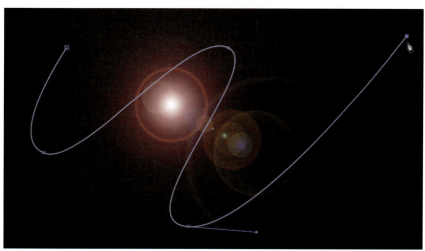

↑ペンツールでベジェ曲線を描画する

STEP 3 | ベジェ曲線を調整する

選択ツールに戻し、ベジェ曲線をダブルクリックして変形状態にします。続いてアンカーポイントをクリックしてハンドルを表示し、ハンドルをドラッグして曲線を調整します。

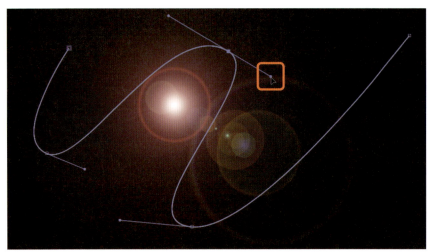

↑アンカーポイントのハンドルをドラッグして曲線を調整する

▶▶▶ 04-02
パスをキーフレームに設定する

シェイプレイヤーで作成したベジェ曲線をコピーして[光源の位置]のキーフレームにします。

STEP 1 | ベジェ曲線をコピーする

タイムラインのシェイプレイヤーを開き、[シェイプ]プロパティの中にあるストップウォッチのついた[パス]プロパティをクリックして選択します。

↑シェイプレイヤーの[パス]プロパティを選択する

ベジェ曲線のアンカーポイントがすべて選択された状態になるので、その状態でコピーを実行します。

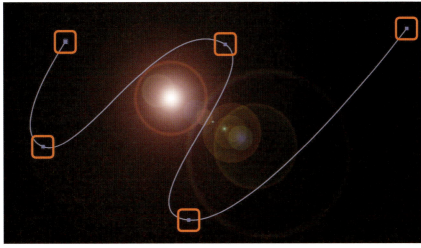

↑アンカーポイントがすべて選択された状態でコピーする

STEP 2 ［光源の位置］にペーストする

まず光源が移動しはじめるフレームに時間インジケータを移動し、続いてレンズフレアの平面レイヤーを開いてレンズフレアの［光源の位置］プロパティを選択します。

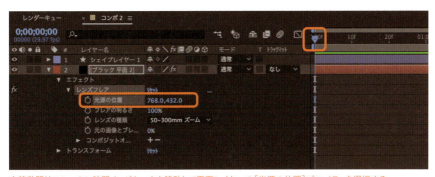

↑移動開始フレームに時間インジケータを移動して平面レイヤーの［光源の位置］プロパティを選択する

ペーストを実行すると、［光源の位置］にキーフレームが設定されます。このキーフレームはベジェ曲線のアンカーポイントの位置で、ストロークの長さに応じてキーフレーム間隔が自動生成されます。

↑ペーストを実行すると［光源の位置］にキーフレームが設定される

レンズフレアの光源の位置がベジェ曲線の最初のアンカーポイントの位置に移動しています。

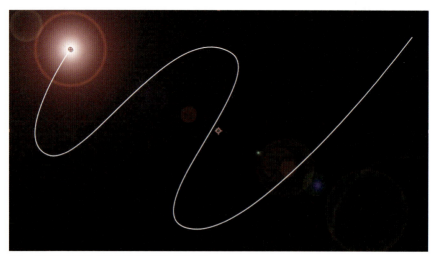

↑レンズフレアがベジェ曲線の最初の位置に移動する

STEP 3 | 光源の動きを調整する

［光源の位置］キーフレームを見ると、中間のキーフレームが丸のマークになっています。これは「時間ロービング」に設定されている状態で、キーフレーム間の動きが自動的にスムーズになるようになっています。

↑モーションパスの中間キーフレームが「時間ロービング」に設定されている

動き終わりをゆっくりおさまるようにする場合は最後のキーフレームを右クリックしてメニューの「キーフレーム補助」から「イージーイーズイン」を選びます。これは「キーフレーム位置にゆっくりおさまる」という設定です。

↑最後のキーフレームを右クリックして「キーフレーム補助／イージーイーズイン」を選ぶ

イージーイーズインを設定するとキーフレームマークが変化し、同時に時間ロービングに設定された中間のキーフレーム間隔も変わります。

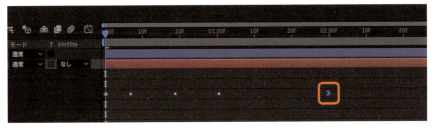

↑動き終わりがゆっくりおさまるキーフレーム設定になる

動き始めをゆっくりスタートする場合は同様の操作で最初のキーフレームを「イージーイーズアウト」に設定します。

↑動き始めをゆっくりスタートするキーフレーム設定にする

4 動きのトータル時間を縮めたり伸ばす場合は最後のキーフレームをドラッグします。そうすると時間ロービングに設定された中間のキーフレームも連動して移動します。

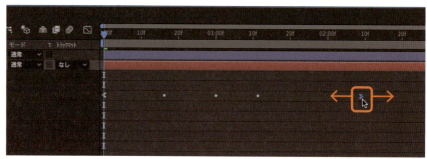

↑最後のキーフレームをドラッグして動きのトータル時間を変更する

レンズフレアの動きを確認します。調整が完成したらシェイプレイヤーはもう必要ないので非表示にします。

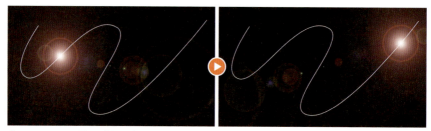

↑モーションパスに沿って光源を動かす

---

column │ イージーイーズ

イージーイーズによる速度の変化をグラフで見てみましょう。最初のキーフレームが「イージーイーズアウト」、最後のキーフレームが「イージーイーズイン」に設定してあるので、グラフが山形になり、速度が次第に上がって、また次第に下がっていく状態になっています。これがイージーイーズによる速度変化です。

05 トラッキングして光源を動かす

映像内の物体の動きをトラッキングして、そこに光源を設定してみましょう。移動する車やヘリコプターなどのライトをシミュレーションする時に使用するテクニックです。

▶▶▶ 05-01
物体の動きをトラッキングする

ここではヘリコプターを撮影した映像を用意し、「トラッカー」機能を使ってヘリコプターの動きをトラッキングしました。

↑ヘリコプターの動きとレンズフレアの位置がマッチングしている

STEP 1 | トラッキングの準備をする

ヘリコプターを撮影した映像フッテージをタイムラインに配置します。

↑ヘリコプターを撮影した映像フッテージ

4

映像フッテージのレイヤーを選択し、トラッカーパネルの「トラック」をクリックします。

↑トラッカーパネルの「トラック」をクリックする

映像フッテージのレイヤーパネルが開き、トラックポイントが表示されます。

↑レイヤーパネルが開いてトラックポイントが表示される

ここでは一点を追従するだけなのでトラックポイントは1つで十分ですが、走るトラックの側面などパースも変化する物を追従する場合は[トラックの種類]を変えてそれに応じた数のトラックポイントを使います。

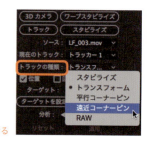

→トラッキング方法を選ぶこともできる

トラックポイントをトラッキングするヘリコプターに設定します。方法は、内側の枠でヘリコプターの胴体を囲み、外側の枠で次のフレームでの移動予測範囲を囲みます。画面内でのヘリコプターの移動量が多い場合は外側の枠を大きめに設定します。

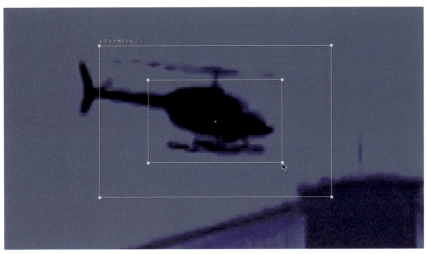

↑トラックポイントをトラッキングするヘリコプターに設定する

枠の中央にある十字をドラッグしてレンズフレアの光源にしたい場所に移動します。この十字を「アタッチポイント」といいます。

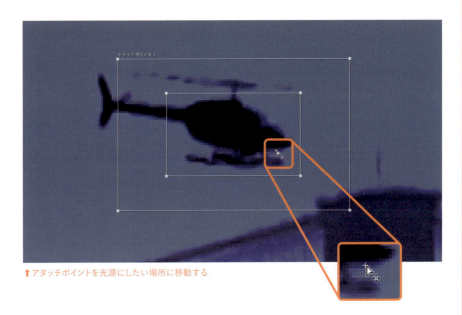

↑アタッチポイントを光源にしたい場所に移動する

STEP 2 | トラッキングを開始する

まずトラッカーパネルの[分析]にあるフレーム送りボタンをクリックし、1フレームトラッキングしてトラックポイントの設定がうまくいっているかどうかをチェックします。

➡ フレーム送りボタンでまず1フレームをトラッキングする

1フレームのトラッキングがうまくいったら、[分析]の再生ボタンをクリックして連続トラッキングを開始します。

➡ 再生ボタンで連続トラッキングを開始する

STEP 3 | トラッキング結果を確認する

レイヤーパネルにトラッキングの結果が表示されます。図の四角のポイントがトラックポイントの中心の軌跡です。

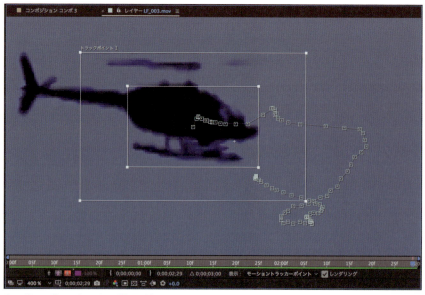

⬆ レイヤーパネルにトラッキング結果が表示される

コマ送りしてヘリコプターの位置とトラックポイントの中心がマッチしていることを確認します。うまくトラッキングできていないフレームがあった場合はトラックポイントを正しい位置にドラッグしてそのフレームからトラッキングをやり直します。

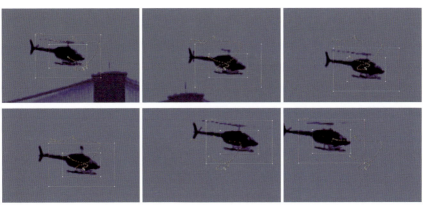

↑ヘリコプターの位置とトラックポイントの中心がマッチしているか確認する

タイムラインを見ると、トラッキング結果がキーフレームになっています。

↑トラッキング結果がキーフレームになっている

トラックポイントのプロパティが該当する値は、[ターゲットの領域の中心]が四角く囲ったトラックポイントの中心点の座標で、[アタッチポイント]が十字のポイントをドラッグして指定したこれから光源の位置になる座標です。

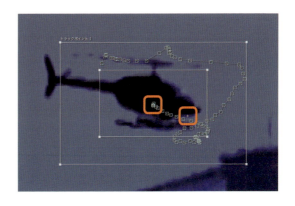

05-02
レンズフレアを作成する

新規平面を作成してレンズフレアを適用し、ヘリコプターのライトになるレンズフレアを作成します。

STEP 1 | 新規平面にレンズフレアを適用する

新規平面を作成して「レンズフレア」エフェクトを適用します。

先ほどの映像フッテージをトラッキングしたままの状態ではレイヤーパネルが表示されているので、コンポジションパネルに切り替えてレンズフレアの調整をおこないます。

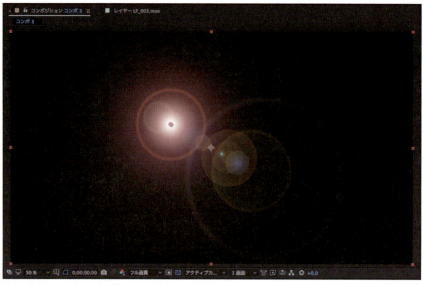

↑コンポジションパネルに切り替えてレンズフレアを調整する

STEP 2 | 描画モードで合成して調整する

平面レイヤーの描画モードを「スクリーン」にして映像フッテージと合成します。

↑レンズフレアを描画モードで映像フッテージと合成する

[レンズの種類]でレンズフレアの形状を選び、明るさを調整します。ここでは[レンズの種類]を「35mm」、明るさを「80%」にしました。

↑レンズフレアの設定をする

レンズフレアの種類や明るさを設定するために実際に配置したい場所に光源を移動してもかまいませんが、この後の操作で光源の位置はアタッチポイントに自動的に移動します。
ここではトラッキングが分かりやすいように強いレンズフレアにしましたが、実際はヘリコプターの大きさに応じた小さなレンズフレアにします。

↑光源の位置を初期設定のままレンズフレアの設定をおこなった

▶▶▶ 05-03
トラッキング結果を光源位置に適応させる

ヘリコプターの動きとレンズフレアの光源をエクスプレッションを使ってマッチングさせます。

STEP 1 | トラッキング結果を開いておく

この後のトラッキング結果とレンズフレアの光源をリンクさせる操作でトラッキング結果を表示しておく必要があるので、映像フッテージのレイヤーを開いてプロパティを表示しておきます。

↑映像フッテージのレイヤーを開いてトラッキング結果を表示しておく

STEP 2 | エクスプレッションで光源の位置とトラッキング結果をリンクさせる

平面レイヤーのレンズフレアプロパティを開き、[光源の位置] プロパティのストップウォッチを、Windowsは「Alt」、Mac OSでは「option」キーを押しながらクリックしてエクスプレッションの入力待機状態にします。

↑[光源の位置]プロパティをエクスプレッション入力待機状態にする

光源の位置とトラッキング結果をリンクさせるために、エクスプレッションのピックウィップを映像フッテージの[アタッチポイント]にドラッグします。

↑ピックウィップを映像フッテージの[アタッチポイント]にドラッグする

4 エクスプレッションが自動で生成され、これで光源の位置とトラッキング結果がリンクされます。

↑エクスプレッションが自動で生成される

STEP 3 | リンク結果を確認する

プレビューしてレンズフレアがヘリコプターの動きとマッチしていることを確認します。

トラッキング後に「レンズフレア」のプロパティを調整したり平面の描画モードを変更することもできます。

→トラッキング後にもライトを調整できる

06 サードパーティ・プラグイン

多くのサードパーティ・プラグインは標準機能に対してレンダリング速度や設定方法が容易な点が主な利点になりますが、レンズフレアに関しては標準では不可能な効果を作ることができます。

▶▶▶ **06-01**
サードパーティ・プラグインのメリット

サードパーティのレンズフレアプラグインの大きなメリットは豊富なプリセットとレンズフレアを構成する成分を個々に調整できる点にあります。レンズフレアのカスタマイズは標準のレンズフレアエフェクトではできない機能なので、独自のレンズフレアを作成したい場合はサードパーティ・プラグインを使うことをお勧めします。その他、標準の3Dライトと連動できる点も大きなメリットです。

↑サードパーティ・プラグインの豊富なプリセット

↑レンズフレアを構成する成分をカスタマイズおよび追加、削除できる

06-02
代表的なサードパーティ・プラグイン

代表的なサードパーティのレンズフレアプラグインは2つあります。1つはVideo Copilotの「Optical Flares」。 もう1つ はRed Giantの「Knoll Light Factory」です。どちらも、豊富なプリセット、フレア成分のカスタマイズ、3Dライトとの連動、など必要十分な機能を備えています。

↑ Video Copilotの「Optical Flares」

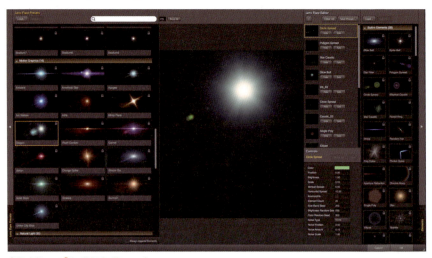
↑ Red Giantの「Knoll Light Factory」

▶ 5

入射光

入射光はレンズに入り込む光でフレアの一種です。ここでは雲の晴れ間から差し込む光も入射光として説明します。

01 入射光とは

コンサートのスポットライトは照射される光の方向が明確に見えます。自然界でもレンズに入り込んだ光によるフレアや湿った空気に拡散する光などで光の方向が見えることがあります。

▶▶▶ 01-01
入射光を加える目的

カメラレンズが光源の光の影響を受けて隅に明るい部分ができたり光の筋が入り込むことがあります。この光の筋を入射光といい、空間演出では主に光の方向を明確にする場合に使用します。レンズフレアの一種ですが、特にアニメでは入射光だけを加えてレンズに影響するほど強く差し込んでくる光を表現します。

↑入射光はカメラレンズに光が影響して生じる光の筋

▶▶▶ 01-02
天使のはしご

「天使のはしご」と呼ばれる薄明（はくめい）光線は、雲の切れ目から差し込む光の帯です。通常は入射光とは別の扱いをされますが、空間演出においては光の方向を示す、という意味で同じ効果と捉えてよいでしょう。コンポジットでの入射光と天使のはしごの作成方法も似ています。

↑「天使のはしご」と呼ばれる雲の切れ目から差し込む光線

▶▶▶ 01-03
入射光の違い

光がある方向に差し込む、という意味では入射光も薄明光線も同じですが、レンズの影響で生じるか、霧やカスミによって生じるか、の差はあります。それにより帯の細さやシャープさ、光の揺らめきの速度などが違います。とはいえ、帯のぼやけた入射光も実際に存在するので、空間演出で光の帯を加える時は、そのことによりどのような印象を見る者に与えるか、というイメージを優先してかまいません。

↑朝の柔らかい日差しの入射光

↑日中の強い日差しの入射光

↑夜の街灯の入射光

02 入射光の基本を作る

コンポジットで作成する入射光と薄明光線とは基本は同じです。まずは光の帯を作成し、後はその帯の幅や量などによって光線の種類を変えていくわけです。ここでは基本となる光の帯を作る方法をステップで説明します。

▶▶▶ 02-01
光の帯の基本形を作る

まず、ランダムに発生した光の帯の静止画を作成します。使用するエフェクトのプロパティで帯を揺らすことができるので、まずは静止画状態でイメージに合わせます。ここでは光の帯の生成に「フラクタルノイズ」エフェクトを使用しました。同じ効果でよりパフォーマンスの高い「タービュレントノイズ」エフェクトがありますが、ここで作成する光の帯の動きはループさせる場合もあるので、ループ設定のできる「フラクタルノイズ」エフェクトを使用します。

↑入射光の基本となる光の帯の静止画を作成する

STEP 1 | 新規平面にフラクタルノイズを生成する

新規平面を作成し、「フラクタルノイズ」エフェクトを適用します。平面の色は無視されて白黒のフラクタルノイズが生成されます。

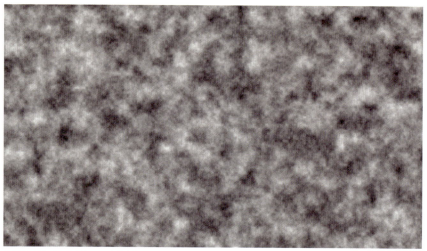

↑新規平面に「フラクタルノイズ」を適用する

STEP 2 | ノイズのコントラストを調整する

「フラクタルノイズ」の［コントラスト］を上げてノイズのコントラストを強め、続いて［明るさ］を下げて暗い部分を多くします。値は両者ともスライダの最大、最小値でかまいません。そうすると、黒い空間にホコリが舞っているような画像になります。

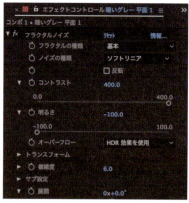

↑［コントラスト］をスライダの最大値、［明るさ］をスライダの最小値にする

↑黒い空間にホコリが舞っているような画像になる

STEP 3 | 「ブラー（ガウス）」を適用する

続いて「ブラー（ガウス）」エフェクトを適用し、[ブラーの方向]を「垂直」にして[エッジピクセルを繰り返す]にチェックを入れます。次に[ブラー]の値を極端に上げます。スライダでは「50」が最大値ですが、数値上をドラッグするか直接入力することでスライダ以上の値を入力することができます。ここでは[ブラー]値を「600」にしました。そうするとノイズが上下に大きく伸び、光の帯の素ができます。

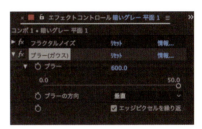

↑「ブラー（ガウス）」を適用して[ブラー]の値を極端に大きくする

一方向に引き延ばすブラーエフェクトは他に「ブラー（方向）」があります。「ブラー（ガウス）」との違いは[エッジピクセルを繰り返す]プロパティが無いことですが、ここでの操作ではどちらを使っても問題ありません。

↑「ブラー（方向）」でもノイズを垂直に引き伸ばせる

↑ノイズが上下に大きく伸びる

▶▶▶ 02-02
光の帯の調整準備をする

作成する光が入射光なのか薄明光線なのかによって光の帯の幅は全く違ってくるので、この段階で帯の幅を調整できるようにしておきます。次に光の帯の方向や拡散具合を調整するための準備もしておきます。

STEP 1 │「レベル」を適用する

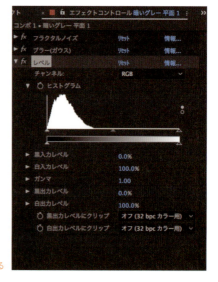

「レベル」エフェクトを適用し、縦に伸びたノイズの明暗部分の割合を調整できるようにします。この操作は最初に操作した「フラクタルノイズ」の［コントラスト］と［明るさ］でもおこなえますが、「レベル」のほうが効率よく調整することができます。ただし、薄明光線の中でも特に帯が広くぼやけた状態にしたい場合は［コントラスト］と［明るさ］の2つのプロパティを使用します。

➡「レベル」エフェクトを適用する

この段階ではまだおこないませんが、強い光のはっきりした入射光を作成する際は［ヒストグラム］上段の両端のスライダをドラッグしてノイズの明暗部分の割合を調整し、光の帯の幅を調整します。

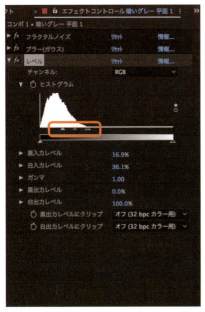
↑［ヒストグラム］上段の両端のスライダをドラッグする

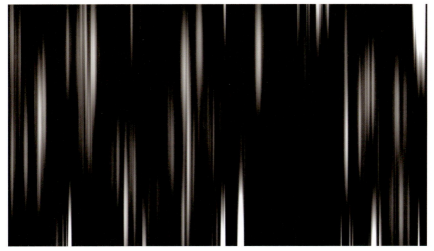
↑光の帯の幅が調整できる

STEP 2 「CC Power Pin」を適用する

「CC Power Pin」エフェクトを適用します。このエフェクトはレイヤーの四隅を移動して変形させることができるので、例えば光の帯が画面の右上から左下に向かって広がる、といった場合は四隅を移動してそれに合った形に平面を変形します。ここではまだ変形をおこなわず、エフェクトを適用するだけにしました。

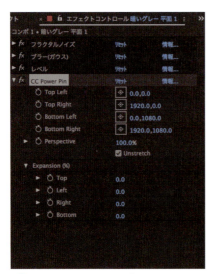

↑「CC Power Pin」エフェクトを適用する

↑平面の四隅を移動して変形させることができる

02-03
光の帯に揺らめきを加える

光の種類によって揺らめき方は異なりますが、この段階で揺らめきを加える準備をしておきます。揺らめき速度の設定は、光の帯の細さや量、方向などを決めてからおこないます。

STEP 1 | 時間インジケータを最初のフレームに移動する

まずタイムラインの平面レイヤーを選択して「E」キーを押し、エフェクトプロパティを表示します。続いて時間インジケータを最初のフレームに移動します。

←エフェクトプロパティを表示して時間インジケータを最初のフレームに移動する

STEP 2 | 揺らめきのためのキーフレームを設定する

「フラクタルノイズ」のプロパティを開き、[展開]のストップウォッチをクリックしてキーフレームを設定します。続いて時間インジケータを最後のフレームに移動し、このフレームにも[展開]のキーフレームを設定します。これで揺らめきを与える準備ができました。

←「フラクタルノイズ」の[展開]にキーフレームを設定する

[展開]の値は角度で表されていますが、この角度を変化させるとノイズが揺らめきます。試しに最後のキーフレームの[展開]の値を「1×+0.0°」にしてみましょう。そうすると白い帯がゆっくり揺らめきます。これで入射光の基本の完成です。

↑最後のキーフレームの[展開]値を「1×+0.0°」にする

↑白い帯がゆっくり揺らめく

---

column | [展開]のループ

[展開]プロパティ値をキーフレームで変化させると、一見ノイズがランダムに変化しているように見えますが、一定周期でループさせることができます。方法は[展開のオプション]を開き、[サイクル展開]にチェックを入れて[サイクル(周期)]でループする周期を設定します。例えば[サイクル(周期)]を「1」に設定すると、[展開]の値「0×0.0°」と「1×0.0°」は同じ結果になります

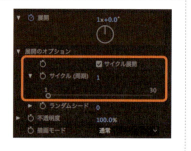

03 入射光を作る

入射光の基本が完成したら、それを元に入射光を作成します。ここでは細い入射光を作ってそれに光彩をつけてみましょう。基本で適用したエフェクトを使ってまずは細い線を作成し、それから色をつけて光らせます。

▶▶▶ 03-01
細く揺らめく光彩のついた入射光

これから作成する入射光は、右上から降り注ぐ細い帯の光で光彩がついています。すでに基本で揺らめく設定はしてあるので、光の揺らめきは微調整するだけです。

▶▶▶ 03-02
光の帯を細くする

フラクタルノイズで作成した帯を全体に細くして、さらに明暗のレベルを調整して明るい部分だけを抽出します。

STEP 1 全体的に線を細くする

「フラクタルノイズ」エフェクトの[サブ設定]プロパティを開き、[サブ影響]の値を上げます。そうするとノイズの白い帯が細くなります。

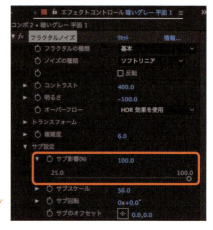

➡「フラクタルノイズ」の[サブ影響]の値を上げる

↑ノイズの白い帯が細くなる

STEP 2 明暗のレベルを調整する

「レベル」エフェクトの[ヒストグラム]上段のスライダを中央部分に集まるようにドラッグして、帯の明るい部分だけを抽出します。さらに右端のスライダをドラッグし、[白入力レベル]で明るさの強さを強調します。

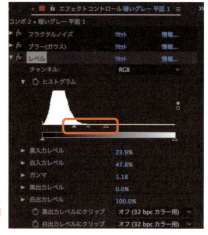

➡「レベル」エフェクトの[ヒストグラム]スライダで明るい部分だけを抽出する

↑ノイズの明るい部分だけの帯になる

▶▶▶ 03-03
斜めに降り注ぐ光にする

白い帯を斜め上から降り注ぐように変形します。単純に斜めにするか、少し拡散させて台形に降り注ぐかはこの変形で自由に設定できます。

STEP 1 │ 「CC Power Pin」エフェクトを選択する

適用してある「CC Power Pin」エフェクトのプロパティを選択すると、コンポジションパネルに変形用のポイントが表示されます。

↑「CC Power Pin」エフェクトのプロパティを選択する

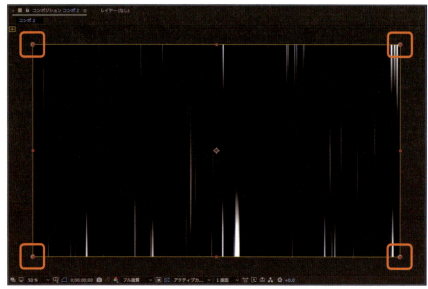

↑変形用のポイントが表示される

STEP 2 | 平面を台形に変形させる

コンポジションパネルの表示を縮小し、四隅のポイントをドラッグして平面を変形します。この変形で帯自体を引伸ばすこともできます。ここでは右上から降り注ぐ光になるような台形に変形しました。

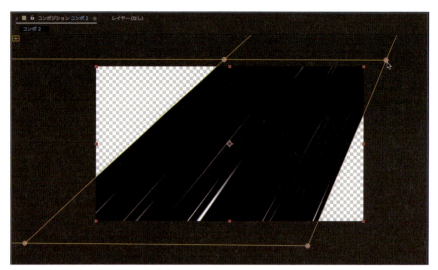

↑右上からの光になるような台形に変形した

03-04
光彩を加える

光の帯にレンズの影響による光彩を加えます。帯自体に色がついているのではなく拡散するエッジ部分に色がついているように見せることが大切です。

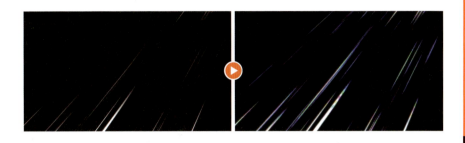

STEP 1 | 「コロラマ」エフェクトを適用する

「コロラマ」エフェクトを適用すると、平面に色がつきます。初期設定では平面が赤い背景になります。この赤を透明にして光の色を設定するわけですが、操作が分かりやすいように、ここからはコンポジションパネルの背景を黒にして説明を進めます。

↑「コロラマ」エフェクトを適用すると平面に色がつく

STEP 2 | 帯の色を設定する

「コロラマ」のプロパティを開いて［出力サイクル］を見ると、初期設定の出力サイクルが色相サイクルになっていることが分かります。これが現在平面についている色です。このままで操作を続けますが、この［出力サイクル］プロパティは光の色を設定する上で重要なので覚えておいてください。

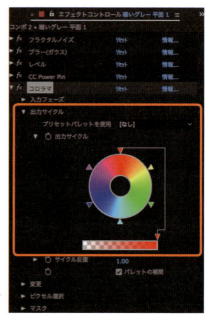

➡「コロラマ」の［出力サイクル］で平面についている色を確認する

背景の赤色を透明にするために［出力サイクル］の赤色部分のスライダを選び、下の透明度バー上を左にドラッグします。これで出力サイクルの赤色部分だけが透明になります。

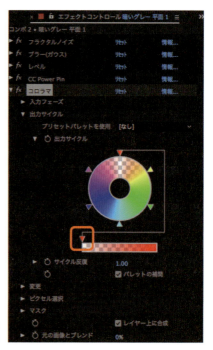

➡［出力サイクル］の赤色部分のスライダを透明方向にドラッグする

↑赤色部分が透明になる

光の色のサイクルを変更します。青色を目立たせたいので、[出力サイクル]の円周上にある青色のスライダを選択し、円周の右上の位置までドラッグします。透明度バーのスライダは初期設定のまま一番右の不透明のままにします。

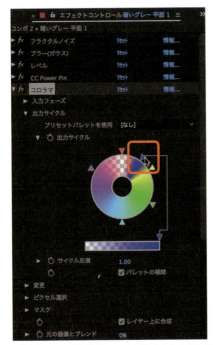

↑[出力サイクル]の青色のスライダを右上までドラッグする

5 その後、目立たせたい色の順にスライダの配置を変えて好みの色にしていきます。

➡目立たせたい色の順にスライダの配置を変える

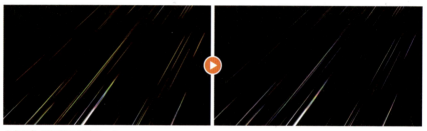

↑光の色のサイクルが変わった

光を輝かせるために「グロー」エフェクトを適用します。グローでは［グローしきい値］［グロー半径］［グロー強度］の3つのプロパティで光具合を調整します。これで入射光自体は完成です。

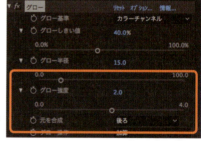

➡「グロー」エフェクトを適用して3つのプロパティを調整する

↑光彩の光が輝く

column｜「コロラマ」による色変化

「コロラマ」エフェクトによる着色効果を簡単に説明します。まず、図のようなグレーのノイズ画像に「コロラマ」を適用して画像とプロパティを見比べてみましょう。グレーの暗い部分から明るくなるに従って［出力サイクル］の頂点から右回りの色に変化していることが分かります。

［出力サイクル］の色を変えると画像の明暗の階調に対する色も変わります。このように「コロラマ」の基本機能は画像の階調に対して色付けをおこなう、というものです。

▶▶▶ 03-05
背景と合成する

光の設定をしたら、最後に背景と合成して調整をおこないます。

STEP 1 | 描画モードで合成する

タイムラインに背景フッテージを配置して、平面レイヤーの描画モードを「加算」にします。これで背景と入射光が合成されます。この状態で光の帯の細さ、量、光彩などの最終調整をおこないます。これまでおこなった設定を、合成結果をプレビューしながら調整するわけです。

↑背景を配置して平面レイヤーの描画モードを「加算」にする

↑入射光と背景が合成される

STEP 2 | 揺らめきを調整する

入射光にはすでに揺らめきの設定がしてあるので、最終調整をおこなうためにまずそのプロパティを表示します。タイムラインで平面レイヤーを選択し、「U」キーを押すとキーフレームが設定されているプロパティだけが開きます。

↑揺らめきを設定しているプロパティを開く

最後のキーフレームの値で揺らめきの速度を調整します。値を大きくするほど速度は早くなります。［展開］のプロパティ値は角度で「回転数×角度」という表示なので、まずはプロパティ値の左の回転数を変更して速度を確認するとよいでしょう。

↑最後のキーフレームの値を設定する

揺らめきをループさせたい場合は、「フラクタルノイズ」の［展開のオプション］を開いて［サイクル展開］にチェックを入れ、［サイクル（周期）］でループの周期になる回転数を設定します。

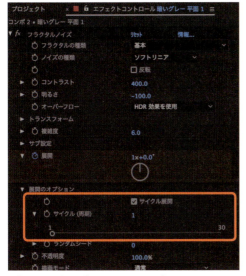

↑［展開のオプション］で揺らめきのループを設定することができる

プレビューしながら揺らめきの速度を調整して完成です。

↑入射光の揺らめきを確認しながら速度を調整する

04 天使のはしごを作る

入射光の基本を元に「天使のはしご」と呼ばれる薄明光線を作成します。特徴はブラーのかかった柔らかい光の帯で、光源から放射状に広がっていくことです。

▶▶▶ 04-01
雲の切れ目から差し込む光

薄明光線と入射光の違いは光の帯の幅やボケ具合、揺らめき速度などがありますが、薄明光線のシーンの多くは雲の切れ目を見せています。したがって、ここで作成する光も雲の形状に応じて切り取ります。

↑雲の切れ目から差し込む天使のはしごを作成する

▶▶▶ 04-02
光の帯を太くする

「入射光の基本を作る」の項目で作成したノイズの帯を全体に太く滑らかにして、細かく折り重なったカーテンのようにします。

↑ノイズの帯を太く滑らかにする

STEP 1 | 全体的に線を太くする

「フラクタルノイズ」エフェクトの[サブ設定]プロパティを開き、[サブ影響]の値を下げます。そうするとノイズの白い帯が太くなります。

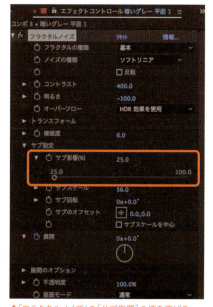

↑「フラクタルノイズ」の[サブ影響]の値を下げる

↑ノイズの白い帯が太くなる

STEP 2 | 明暗のレベルを調整する

「レベル」エフェクトの［ヒストグラム］上段のスライダで光のカーテンの明暗を調整します。ただし、光の帯の具合は背景と合成してから調整するので、ここでは変化の様子だけをチェックしておいてください。

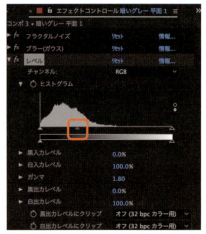

↑「レベル」エフェクトの［ヒストグラム］スライダで光のカーテンの明暗を調整する

↑調整は合成後におこなうのでここでは変化の様子だけを確認する

▶▶▶ 04-03
ゆっくり広がる光にする

天使のはしごの場合は背景との兼ね合いが大きいためこの段階で背景と合成し、後は合成しながら調整を進めます。まずは光のカーテンがゆっくり広がるように変形します。

↑背景と合成してゆっくり広がる光にする

STEP 1 | 背景と合成する

タイムラインに背景フッテージを配置して、平面レイヤーの描画モードを「加算」にします。これで背景と光のカーテンが合成されます。

↑背景を配置して平面レイヤーの描画モードを「加算」にする

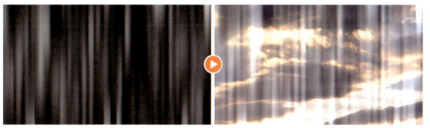
↑光のカーテンと背景が合成される

---

column | 光の合成

描画モードにより光のカーテンの見え方が変わるのでイメージに合ったモードを選ぶとよいでしょう。

描画モード「スクリーン」

描画モード「覆い焼きカラー」

STEP 2 | 平面を台形に変形させる

適用してある「CC Power Pin」エフェクトのプロパティを選択すると、コンポジションパネルに変形用のポイントが表示されます。コンポジションパネルの表示を縮小し、四隅のポイントをドラッグして平面を変形します。この変形でカーテンを横に引伸ばすこともできます。ここでは画面左上の雲の切れ目から光が注ぐように変形していきます。

↑「CC Power Pin」で左上の雲の切れ目から光が注ぐように変形する

▶▶▶ 04-04
雲の切れ目から注ぐ光にする

背景の雲の切れ目の形状にマスクを描画して光が雲の切れ目から注ぐようにします。

↑切れ目から注ぐ光にする

STEP 1 | 平面レイヤーをプリコンポーズする

マスクはフッテージのオリジナルの形状に対してかけられるので、変形したレイヤーにマスクを作成すると見た目とは違う場所がマスキングされてしまいます。そこで、変形したレイヤーをプリコンポーズします。方法はレイヤーを右クリックしてメニューから「プリコンポーズ」を選びます。

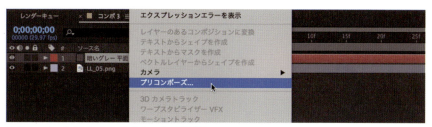

↑平面レイヤーを右クリックして「プリコンポーズ」を選ぶ

「プリコンポーズ」でプリコンポーズしたレイヤーの名称を入力し、「すべての属性を新規コンポジションに移動」を選びます。これで、ここまでおこなってきた操作の結果が1つのレイヤーとして変換されます。

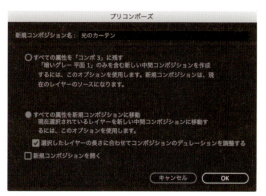

↑プリコンポーズの設定をする

プリコンポーズされると描画モードがリセットされるので、再び「加算」に設定します。

↑再び描画モードを「加算」にする

↑プリコンポーズされた光のカーテンが背景に合成される

STEP 2 雲の切れ目のマスクを作成する

プリコンポーズされた光のカーテンのレイヤーを選択した状態で「ペンツール」を選択し、コンポジションパネルに雲の切れ目の形状のマスクを描画します。この時、光のカーテンの両端もぼかしたいのでマスクで光の端も指定します。

↑「ペンツール」を選ぶ

↑雲の切れ目と光のカーテンの両端をマスクで描画する

STEP 3 | マスクの境界をぼかす

光のカーテンのレイヤーに［マスク］プロパティができるので、その中の［マスクの境界のぼかし］の値を上げてマスクの境界をぼかします。

↑［マスクの境界のぼかし］の値を上げる

↑マスクの境界がぼけて背景となじむ

▶▶▶ 04-05
光に色を加える

光のカーテンに雲の色に近い色を加えてリアルな光にします。色は光全体に自然な感じで乗せたいのでここでは「レンズフィルター」エフェクトを使用しました。

↑光のカーテンに雲の色をつける

STEP 1 「レンズフィルター」エフェクトを適用する

光のカーテンのレイヤーに「レンズフィルター」エフェクトを適用し、フィルターの色を選びます。ここでは雲の色と同じにしたいので、[フィルター]のメニューで「カスタム」を選び、[カラー]のスポイトをクリックして選択します。

↑「レンズフィルター」で[フィルター]を「カスタム」にしてスポイトを選ぶ

STEP 2 フィルターの色を選ぶ

コンポジションパネルで雲の部分をスポイトでクリックして色を抽出します。

↑雲の色をスポイトで抽出する

これで雲と同じ色のフィルターが適用されるので、[濃度]でフィルターの強さを設定します。

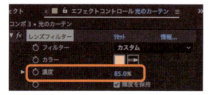

↑[濃度]で雲と同じ色のフィルターの強さを設定する

↑光のカーテンに雲と同じ色がついた

▶▶▶ 04-06
光を最終調整する

光の揺らぎや帯の幅などを最終調整する場合はプリコンポーズ前のコンポジションでおこないます。ここではまず光の幅を大きくし、次に揺らぎを調整しました。

↑背景と合成しながら光の最終調整をする

STEP 1 | プリコンポーズ前のコンポジションを開く

まず光のカーテンの幅を変えてみましょう。そのために、タイムラインで光のカーテンのレイヤーをダブルクリックしてプリコンポーズ前のコンポジションを開きます。コンポジションパネルはプリコンポーズ前のコンポジションの表示に切り替わります。この表示で光の幅を変えるより、合成後の状態を見ながら調整したほうが作業が確実です。

↑プリコンポーズ前のコンポジションを開く

↑コンポジションパネルの表示が切り替わる

STEP 2 | コンポジションビューアをロックする

背景との合成結果を見ながら光を調整する場合は、合成結果が表示されているコンポジションビューアをロックします。方法は、タイムラインで合成しているコンポジションを選んでコンポジションパネルに表示し、パネルの左上にある鍵のマークの[ビューアのロックを切り替え]をクリックして表示をロックします。こうすると、タイムラインやエフェクトコントロールパネルで他のコンポジションを操作していても、コンポジションパネルには常に合成しているコンポジションが表示されます。

↑コンポジションビューアをロックする

STEP 3 | 光の帯の幅を広げる

光の帯の幅を広げるにはフラクタルノイズを拡大するのが一番簡単です。そのためにタイムラインでプリコンポーズ前のコンポジションを選び、光のカーテンを生成している平面レイヤーを選択してエフェクトコントロールパネルを切り替えます。この操作をおこなってもコンポジションパネルはロックされているので合成後の表示のままです。

↑光のカーテンを生成しているエフェクトコントロールパネルを開いてもコンポジションは合成後の表示のまま

「フラクタルノイズ」の[トランスフォーム]プロパティを開き、[スケール]の値を上げます。これで光の帯の幅が広がります。

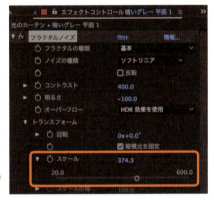

➡「フラクタルノイズ」の[スケール]の値を上げる

↑光の帯の幅が広がる

STEP 4 揺らぎを調整する

光の幅が決まったら揺らぎを調整します。そのために、平面レイヤーを選択して「U」キーを押し、キーフレーム設定がしてあるプロパティだけを表示します。

↑揺らめきを設定しているプロパティを開く

天使のはしごの場合は光がはっきり揺らぐことはありません。そこで「フラクタルノイズ」エフェクトの[展開]プロパティの値を、1秒で10度変わるくらいの小さい変化にします。天使のはしごの場合はこれくらいで十分で、映像になると全く動かない状態とはあきらかに違うリアルな光になります。

↑揺らぎを小さい変化にする

↑映像になるとわずかな変化が光のリアルさを出す

6

霧（きり）

霧は空気中の水分が気温により細かい粒になることで生じる現象です。空間演出ではシーンの温度や奥行きを表現するために使用します。

霧のある風景

霧の風景は撮影している位置によって雰囲気が変わってきます。例えば遠くの山並みの霧を撮影すると地面から湧き出るように見え、霧の中で撮影すると白いフィルターをかけたように見えます。また、遠近問わず霧の濃さによって奥行き感が際立つのも大きな特徴です。

▶▶▶ 01-01
遠景の霧

霧の中には、空気と川面の温度差によって生じる川霧や山を登る気流によって生じる山霧などもあります。これらを遠くから撮影すると印象深い情景になりますが、発生条件には時刻が大きく関係するので、シーンの中で使用する場合は早朝を表現するカットなどに使います。

↑霧が加わることにより情緒のある景色になる

▶▶▶ **01-02**
フィルターのような霧

霧の中で撮影すると、まるで白いフィルターをかけたような景色になります。次第に遠ざかっていく景色を写した場合が霧も奥行きに応じて濃くなっていきますが、人工物や太い木などの明確な物体がない場合は距離の曖昧な緩やかな濃淡になります。

↑岩肌の山稜にかかった霧は曖昧な距離感になる

▶▶▶ **01-03**
奥行きを出す霧

空間演出において最も多い霧の使い方は奥行き表現のためです。山や林でなくても温度によって霧はどこでも発生するので、人工物に対しても自然に奥行き感を出すことができます。
3D-CGでは奥行き(Z軸)情報を持った画像を出力することができますが、オリジナルが2D画像のコンポジットの場合はカメラマッピングやグレースケールのトラックマットなど、何らかの方法で奥行きの情報を追加する必要があります。

↑霧は人工物においても有効な奥行き表現になる

手前に霧のかかっていない物体を置くかどうかで見え方が変わってきます。例えば、霧に覆われた遠くの雪山をシーンに使う場合、手前に何の物体もないと窓から眺めたような見る者とのつながりの薄い景色に見えますが、手前に物体があると見る者との差が縮まり、これから向かう先の景色あるいは知り合いがその中にいる景色のように見せることができます。

↑手前に何も無い霧の風景は間接的で窓から眺めたような景色になる

↑霧の風景の手前に何か物体があると自分との間に接点を感じ、近しい存在の景色になる

▶▶▶ 01-04
ダイナミックな霧

霧は通常風の弱い場所で発生しますが、高山のように風の激しい場所に霧を加えることでダイナミックな映像にすることができます。これに光の効果も加えるとさらにエモーショナルなシーンになります。

↑霧と光の効果が加わったダイナミックなシーン

02 霧の基本を作る

コンポジットで霧を作成する時は「フラクタルノイズ」エフェクトを使います。このエフェクトだけで基本的な霧が完成するので、ここでは「フラクタルノイズ」に関して詳しく説明します。同じ機能のエフェクトとして「タービュラントノイズ」がありますが、この章で設定する霧の動きに必要なプロパティが存在しないため、ここでは「フラクタルノイズ」を使います。

▶▶▶ **02-01**
ベースとなるフラクタルノイズを作成する

新規平面に「フラクタルノイズ」エフェクトを適用して霧にするわけですが、まずは霧のベースとなるコントラストの浅いフラクタルノイズの作成方法を、各プロパティによるノイズの変化を中心に説明します。

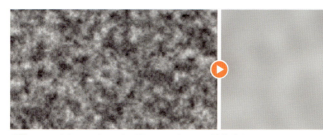

↑霧のベースとなるコントラストの浅いフラクタルノイズを作成する

---

column | 「フラクタルノイズ」と「タービュラントノイズ」

「タービュラントノイズ」は「フラクタルノイズ」の改良版で、レンダリングのパフォーマンスや微細なノイズ生成機能が向上しています。両者にある[フラクタルの種類]で見比べるだけでも「タービュラントノイズ」の生成するノイズの緻密さが分かります。その代わり「タービュラントノイズ」ではノイズの揺らめきのループ設定がおこなえない他、微細なノイズパターンである[サブ]のオフセットが設定できないなど、手作りでのアニメーションにおいて不便な点があります。

STEP 1 平面に「フラクタルノイズ」を適用する

新規平面を作成して「フラクタルノイズ」エフェクトを適用します。平面の色は無視されて白黒のフラクタルノイズが生成されます。

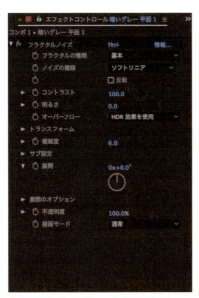

↑新規平面に「フラクタルノイズ」を適用する

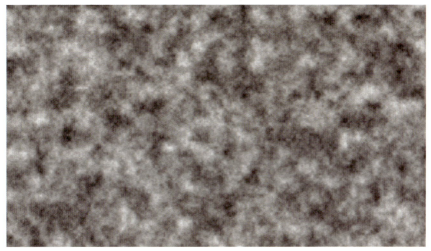

↑このフラクタルノイズを調整して霧を作成する

STEP 2 ［ノイズの種類］を「スプライン」にする

［ノイズの種類］を「スプライン」にします。「スプライン」は初期設定の「ソフトリニア」よりコントラストの薄いノイズです。

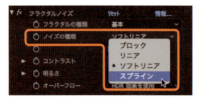
↑［ノイズの種類］を「スプライン」にする

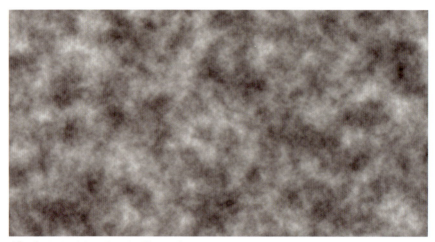
↑「スプライン」はややコントラストの薄いノイズ

---

column ｜「フラクタルノイズ」のノイズの種類

「フラクタルノイズ」はまずフラクタルの種類を決め、次にそのフラクタルにより生成するノイズの補間方法を決めます。［ノイズの種類］はその設定で、一見細かい変化に見えますがこれから作成する要素の元になる設定なので見比べて決定してください。

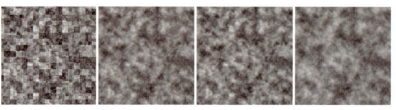

「ブロック」　「リニア」　「ソフトリニア」　「スプライン」

STEP 3 ［コントラスト］と［明るさ］で明るさを設定する

なめらかで明るいノイズにするために、まず［コントラスト］を下げ、次に［明るさ］を上げます。最終調整は他のプロパティとの兼ね合いを見ながらおこないますので、ここではまだラフでかまいません。

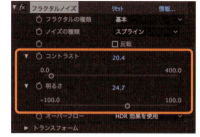

↑［コントラスト］を下げ、［明るさ］を上げる

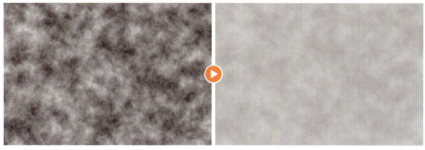

↑なめらかで明るいノイズになる

STEP 4 ［サブ設定］でノイズの細かさを設定する

［サブ展開］プロパティを開き、［サブスケール］でノイズの細かい部分の粗さを調整しますが、この［サブスケール］に関して説明します。まず［サブスケール］をスライダでの最小値にしてみましょう。そうすると、細かい粒が増えて引き締まったノイズになります。

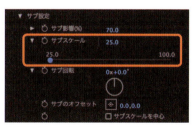

↑［サブスケール］をスライダでの最小値にする

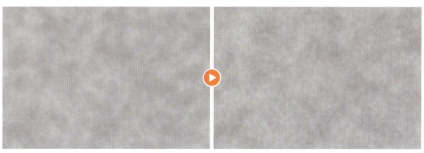

↑細かい粒が増えて引き締まったノイズになる

続いて［サブスケール］をスライダでの最大値にします。数値入力ではさらに大きな値を設定することができます。［サブスケール］の値を上げるとノイズの細かい粒はなくなりぼやけたノイズになります。霧の場合はこのぼやけた感じのノイズを使います。

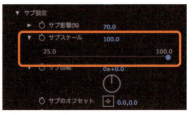

↑［サブスケール］をスライダでの最大値にする

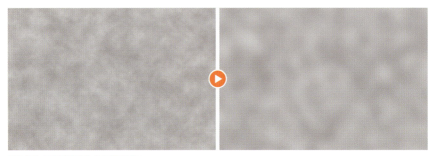

↑なめらかでぼやけたノイズになる

STEP 5 ［トランスフォーム］で大きさを設定する

［トランスフォーム］プロパティを開き、［スケール］でノイズ全体の大きさを設定します。この段階ではまだ初期値より少し大きくする程度の大まかな設定でかまいません。この後の調整は背景と合成しておこなうので、合成前の霧はこれで完成です。

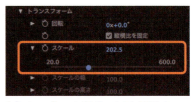

↑［スケール］でノイズ全体の大きさを設定する

↑この段階ではまだ少し大きくする程度の設定でかまわない

02-02
背景と合成して最終調整をおこなう

どのような背景に合成するかでノイズの見え方は変わってくるので、最終調整は合成結果を見ながらおこないます。

↑霧の最終調整は背景と合成しておこなう

STEP 1 | 霧を背景に合成する

タイムラインに背景を配置し、霧のレイヤーの描画モードを「スクリーン」にして合成します。

↑霧のレイヤーの描画モードで背景と合成する

STEP 2 | 霧の内容を調整する

合成結果を見ながら「フラクタルノイズ」のプロパティを調整します。調整するのはこれまで設定をおこなった［コントラスト］［明るさ］［サブスケール］［スケール］です。

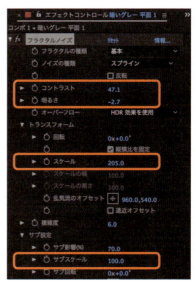

→「フラクタルノイズ」のプロパティを調整する

↑背景に合った霧になるよう調整する

STEP 3 霧の濃さを調整する

霧の濃さはレイヤーの不透明度で調整します。タイムラインでレイヤーを選び、「T」キーを押すと[不透明度]プロパティだけが開くので、プレビューを見ながら不透明度を調整します。この状態では霧は静止したままですが、これで基本は完成です。

↑[不透明度]で霧の濃さを調整する

↑このシーンでの霧の基本形が完成する

03 揺らめく霧を作る

風がなくその場でゆっくり揺らめく霧を作ります。イメージとしては雲や葉の動きで太陽光が変化し、それによって霧も揺らめく、といった感じの微妙な変化です。ここでは霧の状態が分かりやすいように背景と合成せずコントラストの強い状態で説明をおこないます。

▶▶▶ 03-01
揺らめきの動きを加える

霧を揺らめかす場合は[展開]プロパティを使用します。これはフラクタルノイズを変化させるプロパティで、この値を動かすことにより揺らめきが加わります。

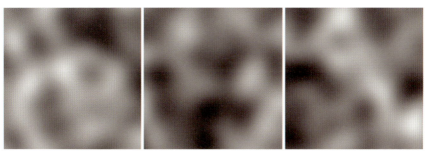

↑霧に揺らめきが加わる

STEP 1 [展開]プロパティのキーフレームを設定する

時間インジケータを先頭のフレームに移動します。次に「フラクタルノイズ」の[展開]プロパティのストップウォッチマークをクリックしてキーフレームを設定します。

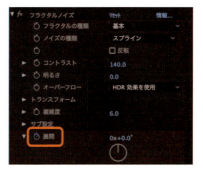

↑[展開]プロパティのストップウォッチマークをクリックする

6 タイムラインで霧のレイヤーを選択して「U」キーを押すとキーフレームを設定しているプロパティだけが開きます。

↑タイムラインで［展開］プロパティを開く

時間インジケータを最後のフレームに移動し、［展開］の値を変更してキーフレームを設定します。［展開］の値は角度で表されるので、キーフレーム間で何回転させるかを設定するのが一番簡単です。値は「回転数×角度」なので、左の数値で何回転させるかが設定できます。

↑次のキーフレームの値を設定する

STEP 2 | 揺らめきを調整する

プレビューして揺らめきを確認しながら［展開］のキーフレーム値を調整します。ここでは変化が分かりやすいようにコントラストの強い霧で変化量も大きくしましたが、実際はなめらかなノイズで非常にゆっくりな動きにします。

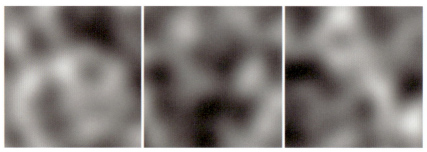

↑プレビューしながら［展開］を調整する

揺らめきをループさせたい場合は、［展開のオプション］を開いて［サイクル展開］にチェックを入れ、［サイクル（周期）］でループの周期になる回転数を設定します。

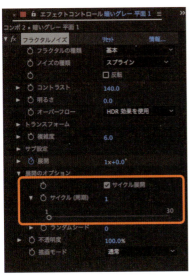

↑［展開のオプション］で揺らめきのループを設定することができる

ここではコントラストの強い霧で作業をおこないましたが、揺らめきの確認は必ず背景と合成した状態でおこないます。ほんの少しの動きでも静止した状態とでは雰囲気に必ず違いが現れます。

↑揺らめきの確認は必ず背景と合成した状態でおこなう

04 霧を動かす

霧が風の影響で横に流れるようにしてみましょう。ここでは横移動が分かりやすいように「揺らめく霧を作る」の項目で設定した［展開］のキーフレームをリセットして静止した霧の状態から説明します。また霧のコントラストも強くしました。

▶▶▶ 04-01
全体を横移動させる

まず［トランスフォーム］プロパティの中にある［乱気流のオフセット］を使って霧全体を横移動させてみましょう。

↑霧全体を横に移動させる

STEP 1 ［乱気流のオフセット］のキーフレームを設定する

時間インジケータを最初のフレームに移動し、［乱気流のオフセット］のストップウォッチマークをクリックしてキーフレームを設定します。

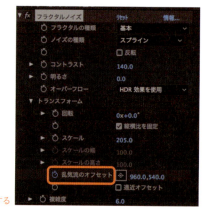

→［乱気流のオフセット］にキーフレームを設定する

STEP 2 | 2つ目のキーフレームを設定する

次に最後のフレームに時間インジケータを移動し、[乱気流のオフセット]の値を変えて霧を移動させます。ここでは真横に動かしたいので、[乱気流のオフセット]の左の数値の上を横にドラッグします。

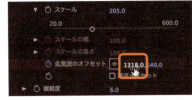
↑最後のフレームで[乱気流のオフセット]の左の数値の上を横にドラッグする

そうするとコンポジションパネル中央に表示されたポインタが横に動いて、同時に霧も横移動します。

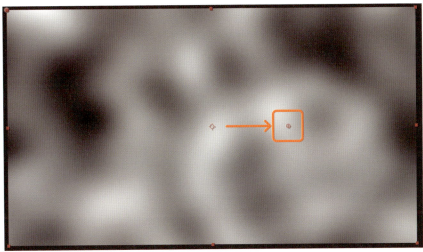
↑コンポジションパネル中央のポインタが動いて霧が横移動する

STEP 3 | 霧全体が横移動する

プレビューすると霧全体が横移動します。この状態では単に霧の画像を横移動させるのと同じです。

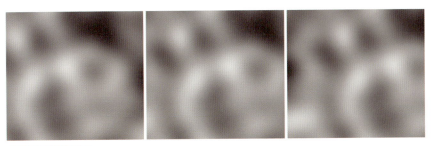
↑霧全体が横移動する

▶▶▶ 04-02
複雑な横移動を加える

サブ展開を使って複雑な横移動も加えます。このことにより全体の横移動と重なって奥行きのある霧が移動しているように見えます。

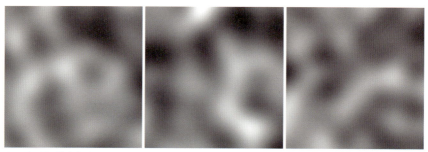

↑サブ展開の横移動も加える

STEP 1 ［サブのオフセット］のキーフレームを設定する

時間インジケータを最初のフレームに移動します。次に［サブ設定］プロパティを開いて［サブのオフセット］のストップウォッチマークをクリックしてキーフレームを設定します。

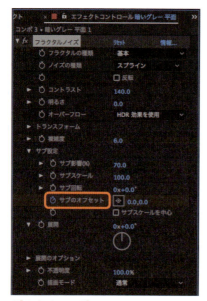

↑［サブのオフセット］にキーフレームを設定する

STEP 2 | 2つ目のキーフレームを設定する

最後のフレームに時間インジケータを移動し、[サブのオフセット]の値を変えて霧を移動させます。ここでは真横に動かしたいので、[サブのオフセット]の左の数値の上を横にドラッグします。

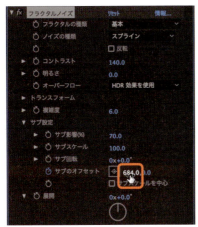

↑最後のフレームで[サブのオフセット]の左の数値の上を横にドラッグする

サブの基準点が画面左上なので、数値を変化させると画面左上のポインタが横に動きます。これで霧の細かいノイズを形成しているサブ部分が横移動します。

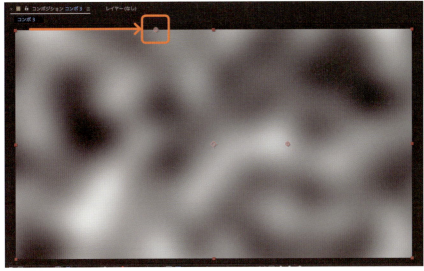

↑コンポジションパネル左上のポインタが動く

STEP 3 | 複雑な横移動が加わる

プレビューすると霧の移動にサブの移動も加わり、動きが複雑になります。

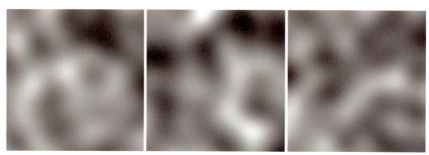

↑複雑な横移動になる

▶▶▶ 04-03
最終調整をする

前述の[展開]キーフレームでの揺らめきや変化量を設定して霧の動きの最終調整をおこないます。この時、通常は背景と合成した状態でおこないます。

↑他のプロパティと組み合わせて最終調整をする

STEP 1 | 変化量を変える

[複雑度]プロパティでサブ設定で生成する細かいノイズの奥行き度合いを調整できるので、最終調整の時にこのプロパティを使って動きの見え方を調整することもできます。

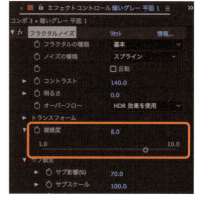

➡ [複雑度]でサブ設定の度合いを調整できる

「揺らめく霧を作る」の項目で設定した[展開]プロパティのキーフレームと組み合わせてより複雑な動きにすることもできます。

↑ [展開]にキーフレームを設定して動きと同時に揺らめかす

動きの設定は霧自体の濃さや奥行き感にも影響してくるので、プレビューしながら最終調整をおこないます。ここでは霧が分かりやすいようにコントラストを強くしてありますが、実際はリアルな霧になるようにコントラストの浅いぼやけた霧にします。

↑ 霧自体の見栄えと動きの両方をプレビューする

05 霧に奥行きをつける

霧に奥行きをつけてみましょう。この場合、手前から奥まで次第に濃くなっていく場合と、背景にある物体に応じた奥行きをつける場合の2通りがあり、トラックマットやマスクを使って霧の濃さを調整して奥行きをつけます。

▶▶▶ 05-01
次第に濃くなる霧

霧の中を奥まで伸びる地面や壁などはカメラから遠ざかるにつれて霧の中に消えていきます。この表現には地面や壁に対して次第に濃くなる霧を合成します。

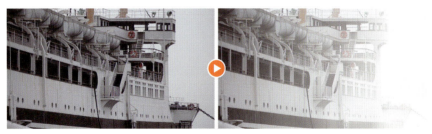

↑霧の中の客船で奥行きのある霧を表現する

STEP 1 霧を作成する

「霧の基本を作る」の項目の手順に従って霧を作成します。霧自体の最終調整は背景と合成した後におこないます。

↑霧を作成する

タイムラインに背景のフッテージを配置して、霧のレイヤーを描画モードの「スクリーン」で合成します。この段階では画面全体が濃い霧に覆われて客船がよく見えなくなります。

↑霧を合成すると濃い霧に覆われて客船がよく見えなくなる

STEP 2 | グラデーションを作成する

新規平面を作成し、「グラデーション」エフェクトを適用します。その後、グラデーションの方向と色を設定します。

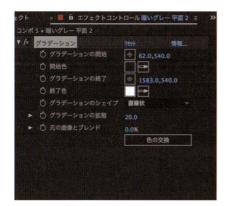

↑新規平面に「グラデーション」エフェクトを適用して調整する

コンポジションパネルに表示される丸に十字のついた2つのポインタはグラデーションの開始と終了点です。このポインタを移動して図のような横方向のグラデーションにします。

↑グラデーションの開始と終了点を設定して横方向のグラデーションにする

STEP 3 | 霧のトラックマットにグラデーションを使う

霧のレイヤーのトラックマットを「ルミナンスキーマット」にします。

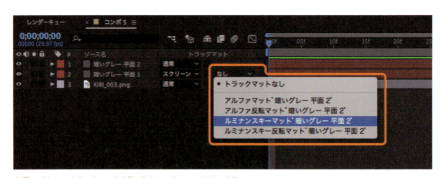

↑霧レイヤーのトラックマットを「ルミナンスキーマット」にする

そうするとグラデーションに応じて霧の不透明度が変化し、その結果背景に対して奥行きのある霧が合成されます。

↑背景に合成した霧に奥行きがつく

霧全体の濃さは霧レイヤーの不透明度で設定しますが、奥行きを調整する場合は、タイムラインでグラデーションの平面を選択し、エフェクトコントロールパネルで「グラデーション」エフェクトを選びます。そうすると、コンポジションパネルにグラデーションの開始と終了点が表示されるので、このポイントをドラッグして奥行きの方向や強さを調整します。

グラデーションの平面は霧のレイヤーのトラックマットに使用しているので非表示になっていますが、上記操作でグラデーションの設定を変えられるので、霧の濃さの変化をリアルタイムで確認しながら調整をおこなうことができます。

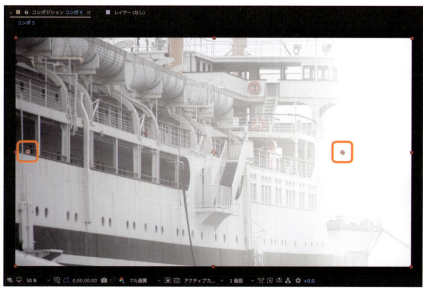
↑グラデーションの開始と終了点をドラッグして霧の奥行き調整する

05-02
物体に応じた奥行きの霧

霧の中では手前の物体は霧が薄く、奥に行くにつれて霧が濃くかかってきます。この表現をする場合、霧を物体の形状にマスキングする必要があります。

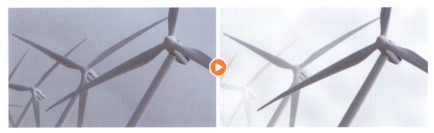

↑霧に対して物体に応じた奥行きをつける

STEP 1　霧を合成する

新規平面に「フラクタルノイズ」を適用して霧を作成し、描画モードの「スクリーン」で背景と合成します。

↑背景と霧を合成する

STEP 2　霧にマスクを作成する

ペンツールを選び、霧のレイヤーを選択した状態でコンポジションパネルに物体の形状のマスクを描画します。ここではまず手前から2番目の風車にマスクを作成しました。

↑ペンツールを選ぶ

↑2番目の風車のマスクを作成する

タイムラインでマスクの種類を「減算」にして、風車以外に霧がかかるようにします。

↑マスクの種類を「減算」にする

↑風車以外の部分に霧がかかる

6

風車と霧をなじませるためにマスクのエッジをぼかします。方法は、マスクのプロパティを開き、[マスクの境界のぼかし]の値を上げます。

↑[マスクの境界のぼかし]の値を上げてエッジをぼかす

続いて手前の風車のマスクも作成します。

↑2番目の風車のマスクを作成する

このマスクも「減算」にして、手前と2番目の風車以外に霧がかかるようにします。こちらのマスクも[マスクの境界のぼかし]の値を上げてエッジをぼかします。

↑2番目のマスクも[減算]にする

↑手前と2番目の風車以外の部分に霧がかかる

STEP 3 | 霧を追加する

霧のレイヤーを選択し、Windowsは「Ctrl」+「D」、Mac OSでは「⌘」+「D」キーを押してレイヤーを複製します。

↑霧のレイヤーを複製する

複製したレイヤーを選択して「M」キーを押し、マスクのプロパティだけを表示します。次に2番目の風車のマスク「マスク 1」を選んで「Delete」キーを押し、マスクを削除します。

↑2番目の風車のマスクを削除する

これで、手前の風車以外の霧と手前と2番目の風車以外の霧、の2層ができあがりました。最後に霧のレイヤーの不透明度で霧の濃度を調整し、手前、2番目、奥、の3層で霧の濃さが変わるように調整して完成です。

↑レイヤーの不透明度で霧の濃度を調整する

↑手前、2番目、奥の風車の3層で霧の濃さが変わる

マスクによる霧の濃さの差が不自然になる場合はさらに霧のレイヤーを複製し、マスクをすべて削除したのち不透明度を下げます。そうすることで全体に薄い霧がかかって画面がなじみます。

↑全体に薄い霧をかけて画面をなじませる

7

塵（ちり）

塵は微細な粒子で、宙に舞っているものは普段目に見えませんが、逆光を浴びたり一箇所にまとまると見えるようになります。

01 塵の舞う空間

宙に舞う塵は非常に小さく普段目に見えませんが、窓から差し込む光の中や風が巻き上がる場所などで見ることができます。そのような微少で通常気づかない塵を映像の中に入れるのは、それが光の表現の補助をするからです。

▶▶▶ 01-01
投射光の中に舞う塵

映画の中で塵の見えるシーン、と言われて頭に浮かぶのは映写機のシーンではないでしょうか？ 映画館の映写機や自宅のプロジェクターから投射される光の中に塵が舞っている映像です。塵はホコリとも呼ばれて決して綺麗なイメージを持つ物ではありませんが、映写のシーンでは投影される映像を見せる前のカットで投射に注意を向けるための重要な要素になります。

↑投射される光の中に舞う塵

窓から差し込む光の中の塵も光の表現を補助する役目があります。通常の窓からの光以外にも、薄暗い部屋の小窓から差し込む光に塵を加えることでその光に注意を向けることができます。

↑窓から差し込む光の中の塵

▶▶▶ **01-02**
逆光の中の塵

暗い部屋で一人ギターを弾いている姿を後ろのライトだけが照らしているシーンがあるとします。ギタリストをアップで捉えた時に逆光に照らされた塵が宙を舞っていると見る人はそこに空気を感じ、その空気も含めての演奏表現なんだと実感します。あるいは、アップで写るキャラクターの横の空間に逆光に照らされた塵が舞っていると印象的で心の残るシーンになります。

室内の塵はほこりやゴミなわけですが、空間演出における塵は不衛生を感じさせるものではなく、ここで説明したように照明効果の一部となってシーンを引き立てるものです。したがって、その見え方や量、漂い方には注意を払う必要があります。

↑逆光に照らされる塵

▶▶▶ 01-03
レンズについた塵

塵は宙を舞っているのでカメラのレンズに付着することがあります。その状態で光源を撮影するとフレアの中に塵が映り込む場合があり、最近ではそれも含めての逆光表現になっています。サードパーティ・プラグインでのプリセットにレンズに付着した塵も含まれているほどですが、気をつけなければならないのは、映像にレンズの塵が入ることで、見ている人と被写体との間に一枚のガラスがあると感じることです。

↑サードパーティ・プラグインのプリセットには塵が含まれているものもある

02 漂う塵を作る

パーティクルエフェクトを使って空中を漂う塵を作成します。塵に近い舞い方をするのは雪なので、ここでは雪を生成する「CC Snowfall」エフェクトを使って塵を作ります。

▶▶▶ 02-01
宙を舞う塵

パーティクルで塵を生成しますが、塵は微少でしかも軽いので落下することなく宙を舞う表現が必要です。

↑宙を舞う微細な塵

▶▶▶ 02-02
塵の基本形を作る

新規平面に「CC Snowfall」エフェクトを適用して塵にします。塵を漂わせる設定は後でおこなうので、ここではまず塵の基本となる大きさや量を設定します。

↑「CC Snowfall」エフェクトでまず塵の基本を作成する

STEP 1 平面に「CC Snowfall」を適用する

新規平面を作成して「CC Snowfall」エフェクトを適用します。平面の色は何色でもかまいません。ここでは濃いグレーの平面を作成しました。「CC Snowfall」を適用すると微少で薄い白色の雪が生成されます。分かりづらいので図は200%に拡大しました。

↑「CC Snowfall」エフェクトを適用すると微少な雪が生成される

STEP 2 　塵の大きさと量を設定する

雪を塵にするために塵を目立たせます。まず[Size]の値を上げて塵のサイズを大きくします。次に[Opacity]を「100%」にして不透明にします。最後に[Background Illumination]を開いて[Influence %]を「0」にして背景となる平面の色の影響をカットします。これで塵が目立つようになります。

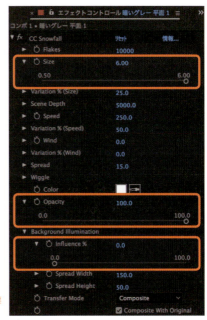

➡図のプロパティで塵を目立つようにする

↑白い塵が目立つようになった

次に[Flakes]で塵の量を設定します。ここでは「1000」にして塵の量を減らしました。

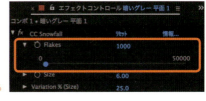

➡[Flakes]で塵の量を設定する

↑塵の数が減った

これで塵の基本は完成ですが、塵の基本形を作る上で重要なプロパティを3つ説明します。まずは最初に設定した[Size]で、これにより塵の大きさが変わります。

↑[Size]で塵の大きさを設定する

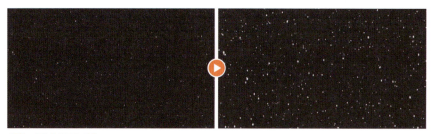

↑塵の大きさが変化する

次に塵の量を設定する[Flakes]です。

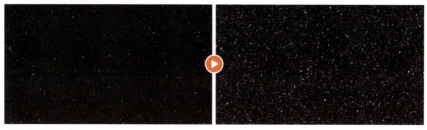

↑[Flakes]で塵の量を設定する

↑塵の量が変化する

最後は空間の奥行きを設定する[Scene Depth]です。この値で塵の舞う空間の奥行きを設定します。値が小さくなると奥行きのない空間になり塵の大きさに変化がなくなります。ここでは初期設定のままの奥行きにしました。

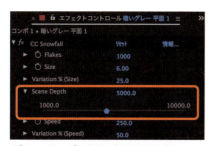

↑[Scene Depth]で空間の奥行きを設定する

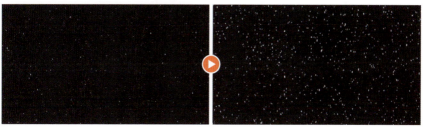

↑値を小さくすると奥行きが狭くなる

02-03
塵を漂わせる

「CC Snowfall」は雪を生成するエフェクトですが、塵は雪と違い重力の影響が弱く地面に落ちずに漂います。そういった重力と風の影響の設定をおこないます。

↑塵を宙に漂わせる

STEP 1 落下速度を遅くする

初期設定では塵は地面に降り注ぐので、まずは[Speed]の値を下げて落下速度を遅くします。スライダの最小値「100」ではまだ落下するので、数値をドラッグするか直接入力してさらに下の値にします。[Variation % (Speed)]は速度のばらつきを設定します。

↑[Speed]の数値をドラッグして値を下げ、落下速度を遅くする

STEP 2 揺らめき具合を設定する

[Wiggle]の中のプロパティで塵の揺らめきを設定します。基本的な設定は2つで、[Amount]で揺れ幅、[Frequency]で揺れる頻度を設定します。ここでは初期設定のままにしました。

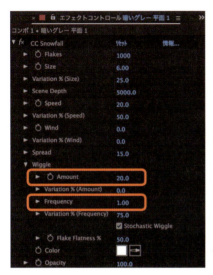

←[Amount]で塵の揺れ幅、[Frequency]で揺れる頻度を設定する

STEP 3 風の影響を設定する

[Wind]を使って、風の影響で塵が横に流れるようにします。設定は簡単で、値をプラスにすると右、マイナスにすると左に流れ、値を大きくするほど強く流れます。

←[Wind]で風に流れるように設定する

7

これで塵が宙を漂うようになりました。

⬆宙を漂う塵になった

▶▶▶ 02-04
背景と合成する

塵を背景と合成し、背景に合わせてマスキングするなどリアルに見せるための設定をおこないます。

⬆塵を背景と合成する

STEP 1 背景に塵を合成する

背景フッテージをタイムラインに配置し、塵のレイヤーに適用した「CC Snowfall」エフェクトの[Composite With Original]のチェックを外します。これで塵だけが表示されるようになり、背景のレイヤーと合成されます。

↑[Composite With Original]のチェックを外す

↑塵だけが表示されるようになり背景と合成される

塵が光の影響を受けているようにするため、塵のレイヤーの描画モードを「加算」にします。

↑塵のレイヤーの描画モードを「加算」にする

7

塵と背景をなじませるためにブラーエフェクトで塵を少しぼかします。塵が微少なのでエフェクトは単純なブラーで十分です。ここでは「ブラー（ガウス）」を適用して塵をぼかしました。

↑「ブラー（ガウス）」を適用する

↑塵がぼけて背景となじむ

STEP 2 | 光の部分だけに漂わせる

塵が見えるのは光の当たっている場所だけです。そこで光の部分のマスクを作成してその部分だけに塵を表示させるわけですが、「CC Snowfall」エフェクトを適用している平面にマスクを作成しても、塵はマスクを無視して全面に生成されます。そこで、マスク用のシェイプレイヤーを作成します。

↑マスク用のシェイプレイヤーを作成する

ペンツールを選び、シェイプの塗りと線の設定をします。この設定で重要なのは必ず塗りを設定することで、その部分が塵のマスクになります。ここでは線を透明にし、塗りを白にしました。

↑ペンツールを選ぶ

↑シェイプの塗りと線の設定をする

ペンツールで背景の光の位置に合わせた図形を描画します。

↑背景の光の位置に合わせた図形を描画する

霧のレイヤーのトラックマットを「ルミナンスキーマット」に設定します。そうすると霧がシェイプの中にだけ表示されます。

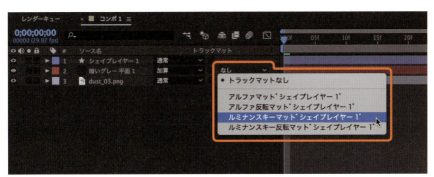
↑トラックマットを「ルミナンスキーマット」に設定する

光の部分のエッジをぼかしたいので、シェイプレイヤーに「ブラー（ガウス）」エフェクトを適用して大きくぼかします。これでリアルな塵になりました。

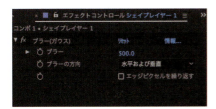
↑シェイプレイヤーに「ブラー（ガウス）」エフェクトを適用して大きくぼかす

↑霧の表示される光部分のエッジがぼけてリアルになる

図のように比較的強い光がある背景の場合、描画モードの「覆い焼きカラー（クラシック）」だけで光の部分にだけ塵を漂わせることができます。背景に左右される方法ですが、光の色の影響も受けるのでリアルな塵になります。

↑塵のレイヤーの描画モードを「覆い焼きカラー（クラシック）」にする

↑光の部分にだけ塵が漂う

03 フォーカスの外れた塵

塵ではフォーカスが外れてレンズぼけになった表現もよく使われます。シーンの木漏れ日の部分にレンズぼけの塵を加えることで光の表現がより際立って空気感が出ます。

▶▶▶ 03-01
レンズぼけの塵

逆光の中の塵はフォーカスを外してハイライトが強調されるレンズぼけにしたほうが効果的です。ここではそういったレンズぼけの塵を作成してみましょう。

↑逆光の中のレンズぼけの塵

▶▶▶ 03-02
基本となる塵を作る

「漂う塵を作る」の項目の操作で基本となる塵を作成し、背景と合成します。ただし、ここで作成する塵はカメラフォーカスが外れてぼけるので、ぼけても目立つように設定する必要があります。

↑ぼかす塵の基本形を作る

STEP 1 | 「CC Snowfall」で塵を作成する

新規平面に「CC Snowfall」を適用し、「漂う塵を作る」の項目の操作で漂う塵を作成して背景と合成します。

↑漂う塵の基本形を作成する

STEP 2 | ぼかすための調整をする

塵にカメラレンズぼけを加えますが、ぼけ具合に応じて何層も重ねるので、まずは第一層分の塵の大きさと量を調整します。具体的には量を減らし、サイズを大きくしてぼけても目立つようにしました。

↑レンズぼけを加えるために塵の大きさと量を調整する

↑量が少なくサイズの大きな塵になった

▶▶▶ 03-03
レンズぼけを加える

「ブラー(カメラレンズ)」エフェクトで塵をぼかします。リアルなレンズぼけのようにハイライト部分が強調されるぼけになります。

↑塵がフォーカスの外れたぼけになる

STEP 1 「ブラー(カメラレンズ)」を適用する

塵のレイヤーに「ブラー(カメラレンズ)」エフェクトを適用し、塵をぼかして絞りの形状を丸くします。

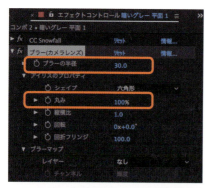

←「ブラー(カメラレンズ)」を適用してぼかす

↑塵がぼけて丸くなる

▶▶▶ 03-04
大きくぼけた塵を加える

さらに大きくぼけた塵を加えて空間に奥行きを与えます。大きくぼかすためには塵のサイズも大きくする必要があります。

↑大きくぼけた塵を加える

STEP 1 | 塵のレイヤーを複製する

レンズぼけを加えた塵のレイヤーを選び、Windowsは「Ctrl」+「D」、Mac OSでは「⌘」+「D」キーを押して複製します。

↑塵のレイヤーを複製する

STEP 2 | 大きくぼかすための調整をする

複製したレイヤーを大きくぼかすためにまず塵の設定を変更します。具体的には[Flakes]で塵の量を少なくし、次に塵のサイズを大きくするわけですが、サイズはすでに最大値になっているので、[Scene Depth]で空間の奥行きを狭めることでサイズを大きくします。

↑量を減らして空間の奥行きを狭めてサイズを大きくする

↑量を減らして空間の奥行きを狭めてサイズを大きくする

STEP 3 | レンズぼけを強める

「ブラー(カメラレンズ)」エフェクトの[ブラーの半径]の値を上げて大きくぼかします。

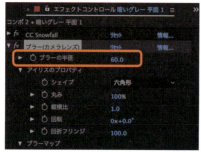

↑レンズぼけを強める設定をする

↑複製した塵が大きくぼける

---

column │ 大きなレンズぼけの塵

レンズぼけの塵を大きくするために単純にレイヤーのサイズを大きくする方法もあります。ぼけているため拡大しても見た目に遜色はありません。

ただし、単純にレイヤーを複製して拡大しただけでは塵の構成が同じなので、絶えず近い位置にサイズの違う同じ塵が存在することになり不自然です。そこで拡大したレイヤーに対しても必ず「CC Snowfall」のプロパティ操作をおこない、量やスピードの値を変えます。

↑複製、拡大したレイヤーに対しても「CC Snowfall」のプロパティ操作をおこなう

03-05
光の色の影響を加える

光を浴びた塵はその光の色の影響も受けます。ここでは大きくぼけた塵に対して光の色の影響を与えました。

↑大きくぼけた塵に光の色の影響を加える

STEP 1　「レンズフィルター」を適用する

塵のレイヤーに「レンズフィルター」エフェクトを適用します。次にフィルター色の設定をしますが、背景の光の色によって操作は少し変わります。光の色が特殊な場合は［フィルター］で「カスタム」を選び、光の色を抽出しますが、大抵の場合は暖色系か寒色系かの選択で背景にマッチした色味になるでしょう。ここでは［フィルター］を「フィルター暖色系（85）」にして［濃度］を大きく上げてハイライトぼけに色を加えました。

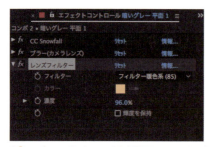

↑「レンズフィルター」エフェクトを適用してフィルター色と強さを設定する

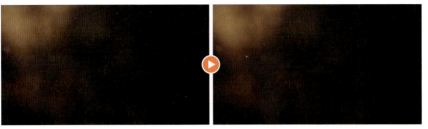

↑ハイライトぼけに色が加わる

▶▶▶ 03-06
塵を強調する

背景にもよりますが、大きくぼかした塵は目立ちにくいので、同じレイヤーを重ねて強調します。

↑レイヤーを重ねてハイライトぼけを強調する

---

column │ **レイヤーを重ねて強調する**

描画モードで合成したレイヤーの表示を目立たせるためにレイヤーを複製して重ねる、という方法はよく使います。描画モードによって見え方も変わってくるので、イメージに合うように描画モードや不透明度を調整します。

STEP 1 レイヤーを複製する

大きなぼけにした塵のレイヤーを選び、Windowsは「Ctrl」+「D」、Mac OSでは「⌘」+「D」キーを押して複製します。

↑塵のレイヤーを複製する

光の色のついた大きなボケが強調されました。これで完成です。

↑大きなボケが強調される

塵は「漂う塵を作る」の項目での操作を基本に作成しているので、レンズぼけの状態で揺らめくリアルな塵になります。

↑レンズぼけの状態で揺らめくリアルな塵になる

▶ 8

雨

雨は光に反射したものがカメラに写るので、背景の暗さや光の加減、さらにはシャッタースピードによって見え方がまったく変わってきます。

01 雨の風景

雨を肉眼で見るように撮影するのは難しく、自分なりにイメージを組み立ててそれに合わせて条件を整えて撮影します。それは雨に当てるライトであったり露出やシャッタースピードです。つまり雨の風景はその映像を作る人のイメージによってさまざまに変化するわけです

▶▶▶ 01-01
明暗のある場所での雨

日中に雨を撮影すると、明るい空の部分に雨は写らず木や建物などの暗い部分にのみ見えます。また完全な黒に近い部分の雨もほとんど見えません。つまり雨は日の光を反射してカメラに写りますが、豪雨でもない限り、ほの明るい空や真っ暗な場所でも見えるほどの明るさではない、ということです。

↑通常の雨は明るい場所と暗い場所では見えない

▶▶▶ 01-02
ライトに照らされる雨

夜の雨はライトに照らされている場所だけがカメラに写ります。これを利用するとまるで特殊なスポットライトのような効果を得ることができます。それ以外にも電灯付近に写る雨でほの明るい光の拡散を印象付けるなど、雨を使って湿度も感じさせる独特な空気感が演出できます。

↑ライトに照らされる雨で独特の空気感を演出する

▶▶▶ 01-03
シャッタースピードによる違い

落下する雨を撮影する場合、シャッタースピードによって雨の形状が変わってきます。通常思い浮かべる雨は細い線状ですが、シャッタースピードを速くすると粒になって写ります。粒状の雨を空間演出で使う場合のほとんどがスローモーションの演出です。

↑低速シャッタースピードで撮影した雨

↑シャッタースピードを上げるに従って雨が粒になってくる

↑高速シャッタースピードで撮影した雨

02 基本的な雨を作る

雨を生成するためのパーティクルエフェクト「CC Rainfall」を使って基本的な雨を作ります。雨を作るために必要なプロパティは備えていますが、よりリアルに見せるためには工夫が必要です。

▶▶▶ 02-01
雨の基本形を作る

まず雨の基本形を作成します。リアルに見せるために雨の奥行きをつけて雨の向きをランダムに傾かせます。また、最後にブラーをかけて雨のエッジをぼかします。

↑雨の基本形を作る

雨を作成する場合は、シャッタースピードによる雨の形状はもちろん、映像になった時の落下速度も重要です。背景と合成する前に雨が認識しやすいグレースケールの状態でプレビューをおこないながら雨の作成を進めます。映像表現は自由におこなえますが、その前に実際の雨がどのように映像に映るのか、Webにアップされている映像などを見て研究するのもよいでしょう。

STEP 1 　平面に「CC Rainfall」を適用する

新規平面を作成して「CC Rainfall」エフェクトを適用します。平面の色は何色でもかまいません。ここでは濃いグレーの平面を作成しました。「CC Rainfall」を適用すると微細で薄い白色の雨が生成されます。分かりづらいので図は200%に拡大しました。

↑「CC Rainfall」エフェクトを適用すると微少な雨が生成される

雨を分かりやすくするために、[Opacity]を「100%」にして不透明にします。次に[Background Reflection]を開いて[Influence %]を「0」にして平面の色の影響をカットします。これで雨が目立つようになります。

↑図のプロパティで雨を目立たせる

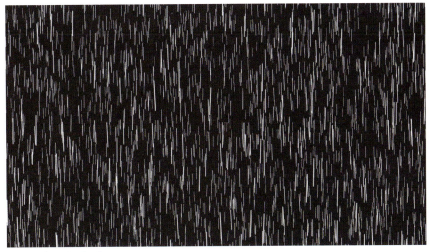

↑雨が目立つようになった

STEP 2 | 雨の量と奥行きを設定する

雨に奥行きをつけます。まず[Drops]の値を上げて雨粒の量を増やし、[Size]を下げて雨粒のサイズを少し小さくします。続いて奥行きを設定する[Scene Depth]の値を大きく上げて雨に奥行きをつけます。

←雨粒の量とサイズを設定して奥行きをつける

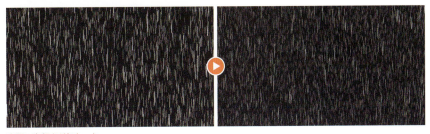

↑雨に奥行きが加わった

STEP 3 雨の速度を上げる

[Speed]が雨の落下速度です。ここでは雨の落下速度を初期設定より上げてスライダの最大値にしました。速度が上がると雨粒の線も少し伸びます。

↑[Speed]で雨の落下速度を上げる

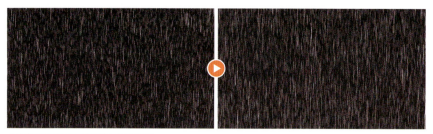

↑速度が上がると雨粒の線も少し伸びる

速度の設定では必ず映像でのプレビューもおこないます。

↑映像で雨の落下速度をプレビューする

STEP 4 | 雨の傾きを設定する

雨は落下中に空気抵抗を受けてランダムに傾きます。その設定をおこなうのが[Spread]で、この値を上げると雨の方向がランダムになります。どのように変化するかを雨の少ない設定で比較してみましょう。図のように[Spread]の値を上げると雨がランダムな方向を向きます。

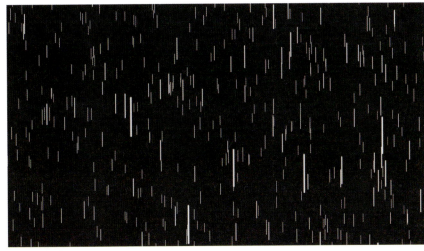

↑[Spread]=「0」

↑[Spread]=「30」

ここでは[Spread]の値を「10」にして雨を少し傾かせました。

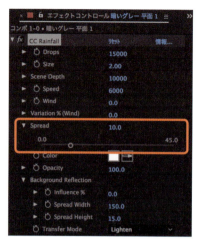
↑[Spread]の値を上げる

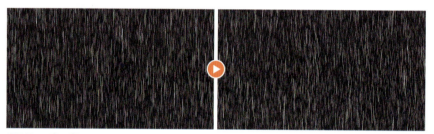
↑雨がランダムに傾く

STEP 5 | 雨粒をぼかす

このままでは雨のエッジが立っていて不自然です。そこでブラーエフェクトを適用して雨粒をぼかします。雨のレイヤーに「ブラー（方向）」エフェクトを適用し、垂直方向にぼかしました。これで雨の基本形の完成です。

↑「ブラー（方向）」で雨粒を垂直方向にぼかす

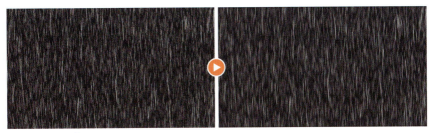

↑雨が縦方向にぼける

▶▶▶ 02-02
背景と合成する

雨を背景と合成し、背景に合わせて自然な雨に見えるように設定をおこないます。また、雨は微細で光の反射も弱いのでハイライトの強い部分と真っ暗な部分では見えないようにします。ここでは夜の街に雨を合成しました。

↑夜の街に雨を合成する

STEP 1 | 背景に雨を合成する

背景フッテージをタイムラインに配置し、雨のレイヤーに適用した「CC Rainfall」エフェクトの[Composite With Origin]のチェックを外します。これでこのレイヤーは雨だけが表示されるようになり、背景のレイヤーと合成されます。

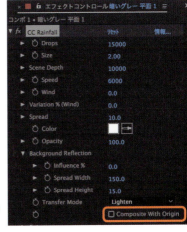

➡[Composite With Origin]のチェックを外す

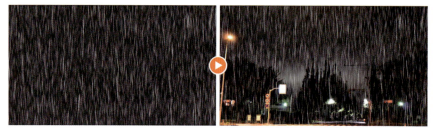

↑雨だけが表示されるようになり背景と合成される

雨と背景の明暗の関係をつけるために、雨のレイヤーの描画モードを「覆い焼きカラー（クラシック）」にします。そうすると、雨の量は背景の暗い部分で少なく見え、明るい部分では光の色の影響を受けるようになります。

↑雨のレイヤーの描画モードを「覆い焼きカラー（クラシック）」にする

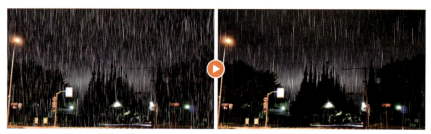

↑背景の明暗により雨の見え方が変わるようになる

STEP 2 雨にムラをつける

背景やシーンのイメージよって変わる操作ですが、ここでは雨の見え方にムラをつけました。これは、映像の場合、雨はカメラにはっきり写りにくいという特徴を再現したものです。雨にムラをつけるために「タービュレントノイズ」エフェクトを使用して、ランダムなグレーのノイズパターンをトラックマットにします。

まず新規平面に「タービュレントノイズ」エフェクトを適用します。平面の色は何色でもかまいません。

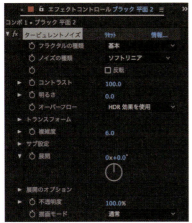

←新規平面に「タービュレント
　ノイズ」エフェクトを適用する

↑グレースケールのノイズが生成される

[コントラスト]と[明るさ]で明暗のはっきりしたノイズにします。このノイズの白い部分に雨が表示されることになります。

←[コントラスト]と[明るさ]で
　ノイズの明暗を変更する

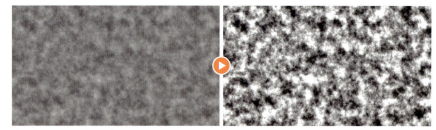

↑明暗のはっきりしたノイズにする

雨のムラの部分を変化させるためにノイズを揺らめかせます。そのために最初と最後のフレームに[展開]のキーフレームを設定します。まず時間インジケータを最初のフレームに移動し、[展開]のストップウォッチマークをクリックしてキーフレームを設定します。

↑最初のフレームで[展開]にキーフレームを設定する

次に最後のフレームに時間インジケータを移動して[展開]の値を変更します。[展開]の値は「回転数×角度」で表されるので、左の回転数を変更してノイズを変化させます。

↑最後のフレームで[展開]の値を変更する

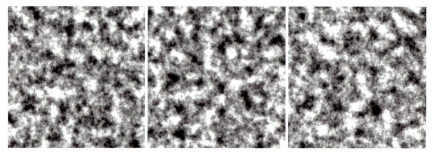

↑ノイズが揺らめくようになる

雨のレイヤーのトラックマットを「ルミナンスキーマット」にします。そうすると、雨がノイズの白黒に応じてマスキングされます。

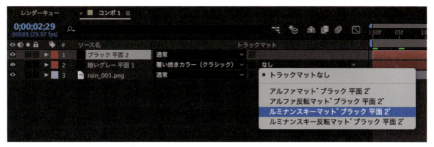

↑雨のレイヤーのトラックマットを「ルミナンスキーマット」にする

↑雨がノイズの白黒に応じてマスキングされる

雨にムラがつき、夜の街の雨のシーンが完成しました。
雨はノイズの明るい部分で見え、暗い部分で見えなくなっているので、雨のムラを調整する場合は「タービュレントノイズ」の[コントラスト]と[明るさ]、および[トランスフォーム]の中の[スケール]プロパティでノイズを変更します。

↑雨にランダムに変化するムラがつく

03 光と雨の関係性

雨を背景と合成する際に重要になるのが「いかにリアルに見せるか」です。もちろんイメージによりデフォルメ表現をしても構いませんが、背景の明暗に対する雨の見え方の特性から外れるとその後どのように調整してもリアルに見えません。

▶▶▶ 03-01
背景の明暗と雨の見え方

雨は微細な水の粒なので、光を反射してはじめてはっきり見えます。したがって、白や暗い背景では見えにくくなり、色のついたライトを当てるとその色の影響を受けます。そういった雨の特性を再現することがリアルに見せるポイントです。

↑雨が光に反射してはっきり見えるように設定する

▶▶▶ 03-02
描画モードによる雨の見え方

描画モードによる雨の見え方の違いを背景を変えて見てみましょう。雨の見え方の強さはレイヤーの不透明度で調整します。まず夜の街に描画モードの「通常」で合成した場合です。不透明度で雨の見え方を弱くしましたが、それでも画面全体に雨が見えて不自然です。

↑夜の背景に「通常」で合成

↑画面全体に雨が見えて不自然

描画モードを「覆い焼きカラー（クラシック）」に変えると暗い部分の雨が見なくなりリアルになります。

↑描画モードを「覆い焼きカラー（クラシック）」に変える

↑暗い部分の雨が見えなくなりリアルになる

そのままの状態で背景を昼の景色に変えてみましょう。暗い部分の雨は見えませんが、中間の明るさ部分の雨が昼の明るさに対しては明る過ぎます。

↑「覆い焼きカラー(クラシック)」のまま背景を変える

↑中間の明るさ部分の雨が昼の明るさに対しては明る過ぎる

描画モードを「ソフトライト」に変えて不透明度を上げると、明るい部分の雨が見えなくなり、昼の微細な雨になります。

↑描画モードを「ソフトライト」に変える

↑昼の微細な雨になる

そのままの状態で背景を夜のライトに変えてみましょう。不自然ではありませんがインパクトのない雨です。

↑「ソフトライト」のまま背景を変える

↑不自然ではないがインパクトがない

描画モードを「覆い焼きカラー（クラシック）」に変えると、雨がライトの色を受けてリアルな雨になり、インパクトもつきます。このように背景に応じた描画モードを選ぶことは非常に重要です。

↑描画モードを「覆い焼きカラー（クラシック）」に変える

↑雨がライトの色を受けてリアルな雨になる

▶ 9

クリエイター
インタビュー

アニメ、CM、ミュージックビデオ、とさまざまな分野で活躍中のクリエイターに空間演出に対する考え方とテクニックをうかがいました。

INTERVIEW 01

 株式会社 旭プロダクション

旭プロダクションは、アニメーションの撮影技術サービス業務を主幹とした会社で、昭和48年の設立以来数多くのアニメ作品を手がけています。アナログからデジタル撮影への切り替わり、3D-CGの導入、とアニメーションにおける撮影の沿革がそのまま旭プロダクションの歴史でもあります。そこで、旭プロダクションの撮影監督に、アナログから現在までの撮影の変遷とその時代での空間演出に関してお話をうかがいました。

八木 寛文 Hirofumi Yagi

常務取締役／技術本部 部長。
撮影監督：劇場映画「犬夜叉 鏡の中の夢幻城」（サンライズ）／CG監督：TVアニメーション「牙KIBA」（マッドハウス）／3D-CGディレクター：TVアニメーション「ヒロイック・エイジ」（ジーベック）／CGエフェクト協力：漫画「機動戦士ガンダム THE ORIGIN」／など

▶▶▶
その時代に応じたさまざまな新しい表現を取り入れていました

——旭プロダクションの歴史を簡単に教えていただけますか？

旭プロダクションは、1973年6月1日にPR映像制作やアニメーションの撮影会社としてスタートしました。PR映像では、実写、CG、作画などその時代に応じたさまざまな新しい表現を取り入れていました。

1997年にはいち早くデジタルの撮影をスタートして、海外向け作品のTVシリーズを、Cambridge Animation Systems Animoというワークステーションで動くソフトで撮影しました。RETAS! PROやAfter Effectsといったソフトも並行して活用していましたので、パーソナルコンピューターのスペック向上に合わせて作業環境も移行しました。

現在はデジタルの利点を最大限に活かして海外、地方と連動した体制で業務を行っています。

—— 現在はAfter Effectsによる撮影が主流なわけですが、旭プロダクションにとってAfter Effectsというソフトはどのようなポジションにありますか？

比喩的な表現になってしまうのですが「重心」だと思います。現在の私たちの業務においてAfter Effectsを中心に業務、戦略を考えております。これを失うとバランスが崩れて組織が歪なものになります。組織や業務は時代に合わせて変化していきますが、バランスを取るためにもAfter Effectsを使った撮影業務に今後も力を入れていきます。

—— 昨今は3D-CGが多用されていますが、旭プロダクションでの3D-CG導入に関して聞かせてください。

最初はPRやプロモーション映像の実写との合成で3D-CGを使用していました。アニメでは、映画のドラえもんなどで、ここぞというリッチな表現のカットで使用していました。TVアニメシリーズの3D-CGの導入は撮影のデジタル化と同じタイミングで行いました。

—— TVアニメで3D-CGがここまで活用されるようになると思っていましたか？

現在もそうだと思うんですけど、とにかくお金がかかるので（笑）。TVシリーズで何百カットも作る時代が来るとは、正直想定してなかったですね。

───3D-CGによって表現や効率化にどのような変化がありましたか？

作画の代替えとしての3D-CGというものが数年前から始まっていて、弊社でも作画としての3D-CGから撮影まで一貫してできるようになりました。3D-CGで追い込むのが難しいカットは撮影処理で厚みをつけるといった弊社の能力を最大限に活かせる環境になっているので、映像の表現の幅を増やせるようになりました。

▶▶▶
自然界での原理や実写映像作品の演出も
日々観察していく必要がありますね

───八木さんのお考えになるアニメーションにおける空間演出とは何でしょう。

シズル感と思っています。あるシーンではストーリーに入りやすく、またあるシーンではより印象深くするため、作画や背景を組み合わせて調整していきます。近年では3D-CGと組み合わせて奥行のある表現を演出していきます。そのためにも、スタッフは自然界での原理や実写映像作品の演出も日々観察していく必要がありますね。

───最後に、旭プロダクションの今後についてお話をうかがえますか？

弊社は設立当時から色々な分野にトライしています。最近ではキーワードとしてVRというものも出てきてますので、そういったフィールドも視野に入れ、VR空間の中でのTVアニメーションのファンたちが喜ぶものは何なのか、ということを考えながら、これまでと同じように実際の芝居を生で観るなどして勉強中です。日本ならではの表現も取り入れていければと思っています。

INTERVIEW 02

株式会社 旭プロダクション

長谷川 洋一 Youichi Hasegawa

トレーナー。
フィルム撮影の作品も多数手がけるベテラン撮影監督。アナログ時代におけるアニメーション撮影と空間演出に関して話をうかがいました。
代表作品：シティーハンター'91（サンライズ）／ジャングルの王者ターちゃん♡（グループ・タック）／まりんとメラン（サンライズ）／など

▶▶▶ 電子機器を使わないオートフォーカス（笑）

—— アナログ時代のアニメの撮影方法を簡単に説明していただけますか？

線画台にカメラがあってフィルムで撮影をする、というもうそれだけなんです（笑）。まず線画台に背景を置いて、そこにセルを重ねて動きに合わせてセルを差し替えながら撮影していくんです。1秒24フレームに対してセル1枚を3コマ撮影します。

—— アナログ撮影での空間演出は、例えば逆光や入射光、それと代表的なものがマルチ[注1]による被写界深度やカメラがスライドした時の背景とキャラクターの移動速度の違い、などですが、そういった技法に関してはどうでしたか？

> 【注1：マルチ】マルチプレーン撮影のこと。高さの異なるガラス台にセルを置いて撮影することで被写界深度などの距離感を出す撮影方法。

意識したことないです（笑）

—— え、そうなんですか？

アニメーションって、絵コンテから始まってレイアウトを作る時点で空間的なものってでき上がっていると思ってましたから。だから撮影として空間を意識したということはなかったんです。ただ、マルチで何段かガラスの面が出てくるとボケが生じるんですが、そ

の時に、そのボケ味をある程度調整しなければいけないんですよ。そこでレンズについていろいろ知らないといけないということになります。

―― **透過光やマルチの撮影は、そういうテクニックがある、という認識で使っていたんですね。**

そうなんです。初めからあったので。空間を演出するというよりは、ピントをぼかして遠近感を強調するためにマルチ撮影という方法を使うんだ、て形で普通に使ってました。まぁ、マルチ台は手間が掛かるんですけどね（笑）。

―― **マルチ台は専用の台があったんですか？**

マルチ用のガラス台を通常の撮影台に乗せるんです。当社としては一段しか組めなかったんです。ディズニーですと五段くらい組んでいましたが。

―― **カメラのピントはどうやって合わせてましたか？**

当社で使っていたものは必ず下の背景に（ピントが）合うように固定されていました。上の面にピントを合わせたまま自由にトラッキングというのはできなかったんです。なので、マルチを組むということは、前にボケたものが来るという撮影でした。

―― **撮影にはカメラがズームするカットもありますよね？**

はい。カメラそのものが上下に動きますから、それでズームさせます。

―― **あれ？ カメラのピントは固定なんじゃないんですか？**

ピントはオートフォーカスなんです。電子機器を使わないオートフォーカス（笑）。

―― **被写界深度が広いレンズを使っている、とか？**

ではありません。普通のレンズ。ウチはニコンのレンズでした。

―― **それでオートフォーカスになるんですか？**

ギアで送るんですよ。

―― **え!?**

レンズのピントリングにギアがついてるんです。で、そのギアを送るような装置がついていてカメラを上下すると線画台にピントが合うようにギアを回すんです。

―― **なるほど! それは撮影会社さんの手作りですか？**

いえ、スタンドを作ってる会社さんが作っているんです。その台専用の装置で、ピントを送るためにロッドが出ているんですけれど、それを押すための曲線が付いている板があって、名前が「青龍刀」って呼んでいました。

―― 青龍刀？

撮影台の高さは3メートルくらいあるんですが、そこに2メートルくらいの長い板がついていて、曲線がついてるんです。それを外してもつと青龍刀みたいに見えるんです（笑）。

―― （笑）なるほど。あ、曲線はそうか、カメラの移動値とピントの移動値は直線的でないから曲線になってるんですね。

そうです。レンズを2本使えたので、レンズを変えると青龍刀も変えるんです。

―― 2本のレンズの違いは何ですか？

フィルムによって変えるんです。16ミリ用と35ミリ用です。新しいタイプの撮影台は35ミリ用と16ミリ用のカメラを載せ替えられるようになっていますが、当時はカメラが固定で中身を変えてました。最初は35ミリフィルムが使われてましたが、途中から制作費削減のために16ミリになったので、中身を取り替えるようになったんです。

↑旭プロダクションのアニメーション撮影カメラ

▶▶▶ 透過光ではいろんな素材を使うこともあるんですよ

―― **透過光の撮影に関してお話を聞かせてください。**

透過光はセルの後ろからライトをあてて逆光を作り出すテクニックですが、カメラの絞りとシャッター速度で光量を調整します。（光が）強い、弱い、後は色が赤いとか、程度ですが、そういうものをシーンに合わせて統一していくという形ですね。

―― **まさに撮影監督ですね。**

ええ。ここでの赤はこの赤、強いと言われたらこれ位にする、と統一して、その絵をうまく調整するのが撮影監督なんです。

それと、透過光ではいろんな素材を使うこともあるんですよ。例えば、模様を出すために銀紙を使うとか。銀紙にライトを当ててその反射を使うんですが、撮影の時は後ろで銀紙をゆっくり引いて動きをつけるんです。

また、銀紙とマスクセルの間に模様ガラスを置いてみたり。

―― **レンズを通して明るさや模様は確認できますが、コマ撮りなので動きは撮影が終わってからでないと分かりませんよね？**

そうです。ワクワクしながらやってました（笑）。

その模様もね、テレビはフィルムより解像度が低いじゃないですか。で、劇場の作品をやるじゃないですか。それっていずれビデオで発売されますよね。そこで、「劇場では見えるけどテレビになると潰れて見えなくなるようなギリギリの模様の効果をつけてやれ！」と。で、フィルムができてきてその通りになっているのを見て「よし！」と（笑）。

――劇場版ならではの細かい効果ですね。Blu-rayでリマスターされると、それが見られるんですね。

フィルムが残っていればそうなりますね（笑）。

▶▶▶ そうなるともうレンズの絞りだけなんですよ

――アナログならではの苦労した点はありますか？

マルチで被写界深度を調節するんですけど、台の高さや絞りとシャッター速度に限界がある中で工夫するんです。マルチを前提とした素材としてある程度でき上がっているので、撮影でそんなに奥行きを自由にすることってできないんです。ボケを少なくしたいと思ってマルチの台を下げるとセルの端がばれてしまうんです。そうなるともうレンズの絞りだけなんですよ。

――撮影が終わるとフィルムを現像に回してそれからラッシュを見るわけですが、そこで修正依頼ってくるんですか？

もちろんきますよ。透過光強すぎたとか、すいません指定の色を間違えましたとか（笑）。

――撮り直しですか。

撮り直しです、当然。すべてのカットの撮影が終わると編集さんが一本に繋いでくれて1話分のラッシュを見るんですが、その後に出されるリテイク表に撮り直しのカットが書かれてきます。

――リテイクって平均するとどれぐらいのカット数が来るんですか？

全体の大体1割ぐらいがリテイクですね。300カットあると30くらいは何かしらの理由で。

――1日大体何カットくらい撮れるんですか？

簡単なカットであれば60とか70とか撮りますよ。難しいと3とか5とか……一桁（笑）。マルチを組むとワンカット撮るのに1時間ぐらい平気でかかっちゃうんです。あと、普通に撮影していてもセルを取り換えるタイミングが複雑だとそれだけで時間がかかるんですよ。上にあるセルはほとんど動かないんだけど下にあるセルがしょっちゅう動くと、全部外して下だけ取り換えるということの繰り返しになるので時間はかかりますね。

INTERVIEW 03
株式会社 旭プロダクション

葛山 剛士 Takeshi Katsurayama

テクニカルディレクター。
デジタル撮影導入時のメインスタッフ。アナログからデジタルへの移行期のエピソードをうかがいました。
代表作品:機動戦士ガンダムSEED(サンライズ)／キスダム -ENGAGE planet-(サテライト)／機動戦士ガンダムTHE ORIGIN(サンライズ)／弱虫ペダル シリーズ(トムス・エンタテインメント)／など

▶▶▶
あえてヘアとかのノイズを入れたりしてました

――**最初に導入したデジタル撮影機器は「Animo」だったんですよね。**
そうです。AnimoというUnixベースマシンのソフトでコンポジット作業を始めて、CMやプロモーション映像を作成していました。

――**デジタル撮影システムを導入した当初の苦労はありますか?**
TVアニメにも使っていましたが、本編はフィルム、エフェクト部分はデジタル撮影、と言う配分だったんです。ですので、(デジタル撮影した映像を)フィルムの質感に合わせる必要があって、あえて細かいブレを入れたりしました。それは何かというとフィルムを現像する時のずれの再現なんです。あと、露出が一定ではないので画面を明滅させたり、光量が均一ではないので四隅を(暗く)絞めたりしました。それと、(アナログ撮影での)セルの黒い線が反射してオレンジっぽくなるのを再現したり、あえてヘアとかのノイズを入れたりしてました。

――**すごいですね。そこまでやらなくてもいいと思いますけど……。**
実際そういうオーダーがあったんです。デジタル初期って(笑)。フィルムをキャプチャーして、その画像の質感に合わせたこともあります。あえてノイズを入れたりして(デジタル)映像を崩していたわけです。

―― フィルムらしくなければアニメ作品ではない、という考えだったんですね。TVアニメシリーズで撮影がオールデジタルになったのはどの作品ですか？

「スクライド[注1]」です。第一話はＲＥＴＡＳ[注2]で撮影して、第2話からAfter Effectsで行いました。

【注1：「スクライド」】2001年にテレビ東京系列、BSジャパンで放映されたサンライズ製作のテレビアニメ。
【注2：「RETAS」】正式名称は「RETAS!」で、現在の名称は「RETAS STUDIO」。セルシス社のアニメーション制作ソフトで、レイアウトからトレース、彩色、撮影までおこなえる。

↑旭プロダクション初のオールデジタル撮影TVアニメ「スクライド」 ©サンライズ

―― **After Effectsに切り替えたのは何故ですか？**

RETASに比べてエフェクト機能が多く搭載されていたからです。アニメの撮影機能としてはRETASは優れたソフトだったんですが、「スクライド」がエフェクトカットの非常に多い作品だったので、After Effectsでの全カット撮影に切り替えました。

―― スタート直後での切り替えは思い切った決断ですね。それまでにAfter Effectsで撮影の検証などは行っていたんですか？

私がAfter Effects使いだったので（笑）

―― なるほど（笑）。その時のセルの彩色はデジタルペイントですか？

そうです。RETASで仕上げをしていました。

ガンダムだけでもその世界とかあるので

―― ガンダムシリーズでは「ガンダムSEED」が初のデジタル撮影でしたが、何かエピソードはありますか？

先ほど言ったように、当時はデジタル撮影した映像をあえてフィルムっぽく加工して映像を崩していく流れがあったんですが、監督の意向もあって、ディフュージョン（ソフトフォーカス効果）とかを入れるといったことはあえてしませんでした。監督はこの作品では（デジタル）素材を活かしたい、と考えたんです。リマスターした時も、どうせソフトとして残すのであれば素のままで残したい、というコンセプトで追加では手を加えていません。

↑ガンダムシリーズ初のデジタル撮影作品「機動戦士ガンダムSEED」　©創通・サンライズ

―― フィルムルックのエフェクトはかけずに、その他のデジタル効果だけを加えたわけですね。例えば動きのブラーとライトのグローとか。

あとはビームサーベルとかビームライフルとかの光ものがあったときにハレーションを入れてたんですよ。監督がSF映画が好きで、そういうハレーションとかレンズフレアがあると豪華に見えるということでそこだけは意図的に加えていました。

―― デジタルならではの、くっきりした画像とエフェクトを活かしたわけですね。

そうです。デジタル初期ということもあったんですが、エフェクトでは苦労しましたね。「機

動戦士ガンダムUC」はその逆だったんですよね。あれはエフェクトとか多用しない方向だったんです。ガンダムだけでもその世界とかあるので（エフェクトを）使い分けてたりするんですけど。

―― そうやって本格的にデジタル撮影が導入されていったわけですが、そこでも苦労はありましたか？

当時、TVシリーズでAfter Effectsを皆が使えるようにならないか考えていて、いろいろ各社さんに伺いましたよ。After Effectsをどう使っているのか、たずねたんです。

―― オールデジタルになることによって制作フローに変化はありましたか？

デジタルになって一番大きいことは、やれることがすごく多くなって……。それはデジタルのメリットではあるんですが、ある意味時間に追われる要因になっています。トライ&エラーができちゃうことで逆に時間がかかっちゃうんです。クオリティは確実に上がりますが……。

―― 葛山さんにとって空間演出とは何でしょう？

私は担当している作品が特殊なので（笑）。例えばガンダムで、実際十何メートルもある物をリアルに撮影したらどうなるとか、宇宙空間をビームが行ったり来たりして戦艦が爆発するのを撮影したらどうなるとか、私もスタッフもその実物を見たことがないわけなんですけど、だからこそ作品によって（そういった効果が）全く別物になるんです。シリーズの中でも作品によって空間演出のコンセプトはさまざまで、私自身どういったものが好きかというのは正直ないんです。それぞれに良い所はあるので。

この作品はこうじゃなければいけないというよりは、話の内容などに合わせて（エフェクトを）盛るところは盛って抑えるところは抑える……。そういう、5年10年経っても視聴者の心に残る映像を、監督、演出と相談しながら作っていきたいと思っています。

INTERVIEW 04

株式会社 旭プロダクション

脇 顯太朗 Kentaro Waki

撮影監督。
最新の撮影技法と空間演出に関してうかがいました。
代表作品:GOD EATER(ユーフォーテーブル)／機動戦士ガンダム サンダーボルト(サンライズ)／劇場版ソードアート・オンライン -オーディナル・スケール-(A-1 Pictures)／など

▶▶▶ カット・シーン内で抑揚をつけるのは気にしてやっています

―― **最近の作品では3D-CGが多用されてますが、セルとCGを融合させるためのコツはありますか？**

CGにもよりますが、キャラやメカなどモデルとして動いているCGに対しては、CGさんのほうで結構色を合わせてもらったり、1回仕上げさんを通して色を作ったりしているので(セルと)合っては来るんですけれど、それでも画面的に異質なものに見えてしまう。線に関してもかなり細い状態であることが多いので、それをマッチングしないといけない。

―― **マッチングさせる時に気をつけていることはありますか？**

個人的に気にしてるのはその存在感なんです。ちゃんとそこにいるかどうか、てことです。背景やセルなど別々の所で作ったものがここに集まるわけじゃないですか。各々の素材をただ重ねた状態ではそこにいるようには見えなくて、見てる人が気になると思うんですよね。どこにいるのかな？みたいな。なので、どの辺の距離から撮っているのか、そういう存在感を出すためにどう処理していくか、てのはいつも考えています。

―― それがセルとCGの融合にもつながるわけですね。そういった作業の中で、シーンの完成度を高めるための工夫はありますか？

光っている物があるとするじゃないですか。それを撮影の概念なしで表現しようとすると、美術や作画のみで光源を意識した影つけをおこない、ハイライトのみ光源色に寄せるなど、アニメ表現として「光っている」ように見えるように各素材を作成します。

そういう技術のみで作っていこうという作品もあります。ただ、もっとデジタルな処理も含めて光源を意識した処理を入れたいという場合、そこにフレアのような発光体を置けばそこが光源に見えるかというとそうでない場合が多くて、（シーンの完成度を高めるためには）そこに明かりがあるようにキャラクターに反射光や屈折光といった、より存在感を高めるための現実的な処理が必要になってきます。

―― デジタル効果に応じてコントラストをつける、というわけですね。

普段日常で自分が見ている風景上のワンシーンとして切り取られていたらどんな感じになるかな、というのを考えて、そこに足りない物を足していく感じでしょうか。逆にこの素材は作画的にここまで描かれているからここは撮影ではあまり（効果を）入れないようにしようとか。

―― SF作品の中でもやはり日常の風景を基準に考えますか？

例えばメカがドーンと着地するとしますよね。その場合、CGのメカが普通に着地して作画による煙があったとしても、アニメーション的な表現としてはOKでも、現実的な存在感を追求するのであれば少々足りなくなってくる。本当は地面が陥没するよな、とか、地面の質はどうなんだ、ここは草原なのか湿地帯なのか、とか。あるいは、カメラの位置はここで撮っているから巨大な物が手前にきたら暗くなるだろうとか、そういう発想をしますね。そして、そこに必要なものを全部考えて入れていきます。

―― 効果をつける時に気をつけている点はありますか？

やりすぎないことでしょうか。セルって手で描いてるじゃないですか。なのでその素材を活かしつつ……。元々こういうつもりで描いているな、というのを拾いつつエフェクトを乗せていっていますね。

―― 素材を活かすというのは、レイアウトの他に動画としての動きもありますよね。

リズムとテンポでのはすごく意識していて、ちょっとした普通のカットでもアニメーターさんはそれを意識して描いてたりするんですよ。5秒のカットでも、これがこう動いて、こうなってから最後こうなる……で次のカット、というカットごとのリズムですよね。それを読

み取って処理を入れるタイミングを見ています。
例えば、同じ絵のリピートのカットだとしても、ここは（エフェクトを）入れるけどここは入れない、みたいにカット内で抑揚をつけるのは気にしてやっています。

―― 脇さんの中で使用頻度の高いAEの機能やプラグインはありますか？

プラグインだとTrapcodeのプラグインをすごく使いますねParticularとか。Particularがあれば大体何でもできる、というのが半分持論ではあるのですけれど（笑）。
標準機能でよく使うのは、最後は力技だって所でマスクとペイントですかね。

―― ペイントを使いますか？

最悪素材を描けばよいという話で（笑）。機能自体にあまりカスタムできるような項目はないのですけれど、個人的にはAE上で直接描画できるだけで十分です。

↑脇撮影監督の手がけた「機動戦士ガンダム サンダーボルト」
©創通・サンライズ

第2シーズン配信中
公式サイトURL
http://gundam-tb.net/

9 いかにそこにいるように見せるかというのが大事

── 撮影監督として他のスタッフにどのように撮影指示をしてますか？

自分の場合、ワンタッチでフィルターやDF（ディフュージョン）などが入って、画面的にはなんとなく"良い感じ"に見えるような処理みたいなものって、あまり好きではなくて…映像としての表現を追求していく上でそういう気分で画面を作っていくのが果たして正しいのかどうかと言いますか……。なので、そういうのは最小限にして、撮影にあたっての方針というか指針を伝えます。参考を作ったので、同じ感じになるように作ってみて、という振り方をしますね。

── シーン設計用の調整レイヤーやフォーマットは作ったりとかしないんですか？

フォーマットは作るんですけど、それでほぼそのシーンは終わりみたいなことはあまりしたくないんです。フィルターを入れておしまい、であるとか、全編通して安定して同じ画が続くというだけでは画が淡泊なのではないかと自分は思っていて……。もう少し作り込みたいし、通して観たとしても、ムラ感というか"ノイズ"が欲しいんですよね。

── 良くなるんだったらフォーマットから外れてもかまわない、ということですね。

そうです。でも、フォーマットから外れてもいいけど、作品的に外せない部分ってあるじゃないですか、例えばなるべくセルアニメっぽく撮りたいのでデジタル的なエフェクトは入れない、とか。そういった外せない基本フォーマット以外は、シーンが良くなって作品が良くなれば構わないですね。
後はまぁ……ぼくの好みじゃないですか（笑）。それが出せるのが撮影監督なので。

── 脇さんにとって、空間演出とは何でしょう？

空間演出イコール存在感みたいな所はありますね。
いかにそこにいるように見せるか、ていうのが大事だと思うので、それも含めての空間かなって思います。

COMPOSITE FILE

「機動戦士ガンダム サンダーボルト」より

脇 顯太朗 株式会社 旭プロダクション

ザクがガンダムのビームライフルをかわしてバズーカを発射するカットです。ビームライフルが背後の壁に当たって激しい爆発が起こり、ザクはその爆炎を背負っています。逆光によりザクが完全に暗くならないように残しつつ、背後から強い光を受けているように見せる演出がなされています。

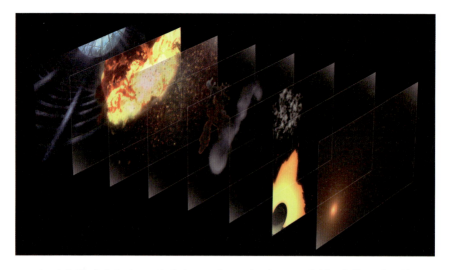

このカットを構成するパーツを大まかに分けると、奥から、背景、背後の壁に着弾した爆発、爆発による煙と破片、ザク、バズーカの煙、発射時の硝煙、弾丸と噴射、フレアと火花、となります。これらはすべて個別にセルとエフェクトを重ね合わされたものが使われています。また、硝煙は実際は黒ですが、本項では分かりやすくするため、明度を反転して白にしてあります。

これからパーツを組み合わせながら空間演出をおこなうわけですが、それらのパーツはすべてブラーやグローなどのエフェクトが適用されたものです。ここではその撮影処理の詳しい説明は割愛しますが、その代わり、セルのみの状態で組み立てられた画像をご覧ください。これを見ると、この後におこなわれる各パーツの処理

がいかに緻密で映像の質感を上げているかが分かります。

まず背景ですが、この一連のシーンに関しては監督の意向もあり、元の背景に撮影上でテクスチャーを加味した上で、その上にbook素材[注1]として瓦礫を漂わせています。このシーンがコロニー内の廃墟と化したショッピングモールでの戦闘で、その空間

演出として漂う瓦礫を加えているわけですが、瓦礫の素材に対してテクスチャーを加え、マスクで切り出して奥行きを分けた後に個別の動きを設定するという細かい処理をおこなっています。

壁の爆発はセル素材とCG上でシミュレーションして作成した爆発素材を合成して最終的なルックに仕上げています。CGによる爆発素材はカットの尺より長めに作成しておき、セルのタイミングに合わせてタイムリマップしています。

背景に爆発を重ねます。背景は爆発の影響を受けて色とコントラストが変化するので、爆発前後で2つのコンポジションを作成し、最終的にオーバーラップさせています。

【注1：book】物体の形状に切り抜かれた背景で、キャラクターの前に来る岩や木などの素材。

爆発の上に飛び散る破片と火の粉を加えています。図は単純に合成した状態ですが、実際は描画モードなどを使って爆発になじませています。この状態で、リアルでありながらアニメらしい爆発に仕上がっていることが分かります。

続いてザクを重ねていますが、ここで空間演出から少し離れて、ザク単体の撮影処理を簡単に説明します。

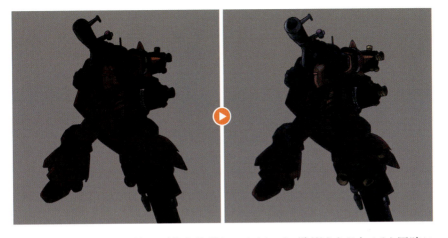

セルの状態と撮影処理後の画像を比較してみましょう。陰影をなじませると同時にシーンに応じた明るさ調整もおこなっています。色の処理はサードパーティ／プラグインの「PSOFT／ColorSelection」でセルの色を抜き取って個別に処理を加えています。また、胸のジオン軍のマークですが、この合成はトラッキングではなく「CC Power Pin」を使っています。つまりキーフレームによるマッチングになるわけですが、アニメの場合はそのほうが確実とのことです。まさに1枚絵が連続するアニメならではの作業と言えるでしょう。同時に、ザクのポーズによりマークの明るさも変えています。

ザクの形状マスクを使って、爆発による明るさと色の影響を加えています。背後の爆発の大きさからザクは真っ暗になってもおかしくありませんが、視線がザクから離れないためにも、あえてディテールを残しています。

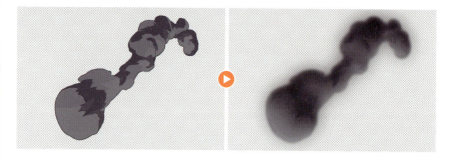

バズーカの煙はセルを元にブラーなどの処理をしています。煙をよく見ると、ぼけている部分とそうでない部分、透明度の高い部分と低い部分に分かれており、脇さんの煙に対するこだわりが分かります。

煙に硝煙を追加して合成します。硝煙は発射と同時に広がる煙で、画像ではよく分かりませんが、映像になると発射にインパクトを与える要素となります。また、煙と硝煙もザクの体と同様に後ろの爆発の影響を受けてオレンジ色になってもおかしくありませんが、そうすると煙が爆発に溶け込んでしまい、かつ全体がオレンジ色になるので、画面に抑揚がなくなってしまいます。そこであえて黒いままで合成しています。

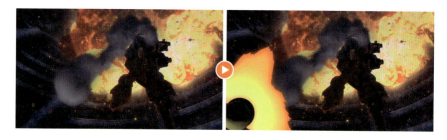

弾丸と噴射のセルにグラデーションやグローなどの処理を加えたものを重ねています。セルは噴射の動きがメインで、質感は撮影でつけているわけですが、この質感もセルのディテールを活かした仕上がりになっています。

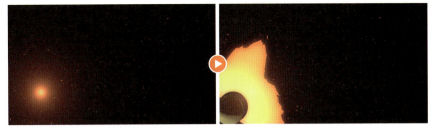

最後のパーツとしてフレアと火花を合成しています。ここでは分かりやすく弾丸と噴射だけに合成した画像で効果を見てみましょう。

すべてのパーツが合成された状態です。これが背後の爆発後のコンポジションなので、これと爆発前のコンポジションをオーバーラップさせてカットの流れを完成させます。

カラーグレーディングやカメラのブレなどの最終調整をおこなってカットの完成です。

INTERVIEW 05

株式会社 旭プロダクション

後藤 春陽 Haruhi Goto

撮影監督。
旭プロダクションの女性撮影監督に最新の撮影技法と空間演出に関してうかがいました。
代表作品：新世界より(A-1 Pictures)／ガンダムビルドファイターズシリーズ(サンライズ)／機動戦士ガンダム 鉄血のオルフェンズ(サンライズ)／など

▶▶▶
目線をどこに持っていきたいかということを意識しています

—— アニメの美術デザインや色彩設計には女性のほうが多いですね。

女性同士なので打ち合わせの時に話しやすいというのはまずありますね。仕事のほうもそうですけど、打ち合わせで空いた時間に仕事以外の話をなるべくはさんで親近感を(笑)。

—— 撮影でシーンの色味を変えることがありますが、その場合はその美術さんたちにチェックしていただくことになりますよね。

監督のほうから撮影で調整してくださいというのはあります。それで、あまりにも色が変わりすぎた場合はチェック時に「大丈夫でしたか？」「ご気分悪くされてないですか？」と。

—— 色が変わるのを嫌がる方もいらっしゃるでしょうからそれは大切なコミュニケーションですね(笑)。撮影監督として、シーンの完成度を高めるための工夫は何かやられていますか？

自分でやって、それに合わせて他のスタッフにもお願いしています。

―― ご自分で撮影をされる時のテクニックはありますか？

基本的には目線をどこに持っていきたいかということを意識しています。全体を作り込んでいくんですけど、どこに集中して持っていくか、画面の濃度を変えていくという感じですかね。

―― 要素をドンドン加えていくタイプですか？

頭の中でこう作りたいというイメージに対して素材を足していって、最終的に見た時にそこから調整したりとかはします。

―― 試行錯誤はされますか

頭の中ででき上がっていないとやっぱり試行錯誤しますね。決まってないといっても方向性はあるので、何パターンか作ってそれを見比べたりとかします。

―― それはやはりムービーで？

基本的にはムービーでやります。

―― 後藤さんの中で使用頻度の高いAEの機能やプラグインはありますか？

やっぱブラーじゃないですか？（笑）。いろんな用途に使いますね。

―― シーン設計とか、番組がスタートする前にある程度仕込みをしますよね。それを撮影担当に伝えるわけなんですが、後藤さんのやり方として決めたことは必ず守らせるほうですか？それともカットに応じて変えても良しとしますか？

撮影の打ち合わせをした後、撮影の香盤表[注1]でこのシーンはこのフィルターというのを決めちゃうので、基本それに従ってもらいます。

【注1：香盤表】撮影の段取り表で、各シーンに必要な情報が記載されている。

―― カットに応じて個人個人でフィルターを変えるということはないですか？

そうですね。シーンを通して同じように見えるようにしています。

▶▶▶

コックピットが全面モニターだったんです

―― 非現実や現実的なシーンが入り組むのがアニメの魅力でもあるんですが、そういった場面に工夫されることとかありますか？

こちらで工夫してやってるのは回想シーンですかね。「ここは回想で」と言われるだけなんですが、その回想にあったシーンフィルターというのを作って乗っけています。

―― 回想はアニメによく出てきますからね。

回想シーンにはフィルターをガッツリ乗せるほうが好きです。上からテクスチャーをガッツリ乗っけたりとか……。

回想は、誰の主観なのかということと、その回想が良い思い出なのか嫌な思い出なのかとか、いろいろ自分の中で加味してフィルターを作ります。

―― 感情をフィルターで表現するわけですね。

そうです。画面に感情を入れます。

―― 3D-CGとセルを馴染ませるための工夫はありますか？

CGとセルとでは線自体が違うので、なるべく浮かないように気をつけて線の見た目が同じく見えるように調整をかけています。

―― 色に関してはどうですか？

「TIGER & BUNNY[注2]」をやった時は結構時間がなくて、色彩設計さんが色のベースを作ってそれを見ながらこちらでCGモデラーに色をつけるっていう撮影をやってましたね。

【注2:「TIGER & BUNNY」（タイガー＆バニー）】2011年に放映されたバンダイナムコ ピクチャーズ企画、サンライズ制作のTVアニメ。2012年と2014年に劇場版も公開され、その作品で後藤さんは共同で撮影監督を務めている。

―― それは大変でしたね。

大変といえば「ガンダムビルドファイターズ」のコックピットが全面モニターだったんです。

六角形のコックピットが全部モニターで、その真ん中にキャラクターが入って操作しているっていう設定なんですけど、コックピットのモニターなので情報が出るんですよ。ウィンドウがさらに出るんです。そうすると、本来正しい位置でも、パース的にはどう見ても違う場所にある（笑）。

↑「ガンダムビルドファイターズ」での全面モニターのコックピット　©創通・サンライズ

──真面目に配置しちゃいけないってやつですね（笑）

そうです。アニメパースってあるじゃないですか。嘘ついたほうが格好いいっていう。それを考慮しなきゃいけないんです。レイアウトで当たりはつけてあるんですけど、ちゃんとパースで貼り込むと違う場所になる。

──CGとからむ上での苦労ですね。

そうですね。あと、コックピットで言うと、「機動戦士ガンダム 鉄血のオルフェンズ」ではコックピット内の色をこちらで変更してますね。

──色彩設定で来ているのじゃなくて？

モニターがあってそのモニターの光を受けてコックピット内の色が変わっているという設定で、撮影で全部処理しました。

──ああ、そういうことですね。仕上げとの兼ね合いはどうやりましたか？

基本ノーマルで作っておいて撮影でライトを足す、というやり方です。それに合わせて仕上げさんと調整を詰めて行きました。

──最後に、後藤さんにとって、空間演出とは何でしょう？

見た時に、その中でキャラクターが活きていればいいなと思っています。

↑「機動戦士ガンダム 鉄血のオルフェンズ」でのコックピット

激動の第2期がBlu-ray&DVDで好評発売中!
「機動戦士ガンダム 鉄血のオルフェンズ 弐」
特装限定版Blu-ray&DVD

VOL.01　　　　特装限定版Blu-ray:¥6,800(税抜)
　　　　　　　　DVD:¥4,800(税抜)
VOL.02～09　　特装限定版Blu-ray:¥7,800(税抜)
　　　　　　　　DVD:¥5,800(税抜)

発売・販売元:バンダイビジュアル
ⓒ創通・サンライズ・MBS

COMPOSITE FILE

「機動戦士ガンダム 鉄血のオルフェンズ」より

後藤 春陽 株式会社 旭プロダクション

主人公、三日月・オーガスの所属する鉄華団のメンバー、ハッシュ・ミディの回想シーン。スラムで兄のように慕っていた男、ビルスを亡くして心に大きな傷を負ったハッシュの心情を、緑色のライティングとインクの滲んだ紙のテクスチャーで演出しています。

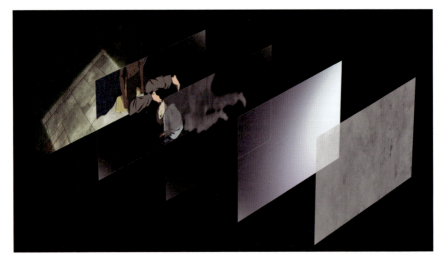

このカットを構成するパーツを大まかに分けると、奥から、背景、キャラクター、ビルスのテクスチャー、ライト、画面のテクスチャー、となります。

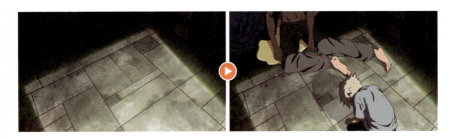

まず背景にキャラクター分けされたセルを合成します。アニメの場合はキャラクターの影をキーイングで別レイヤーにしますが、この回想シーンの演出ではその別レイヤーになった影を後ほどうまく活かすことになります。

ビルスとその背後に加えるテクスチャーです。「カラーエンボス」を基本にして作られているので、フラクタルノイズのように見えて実は腕とズボンなどのディテールが残っています。これを描画モードで合成します。

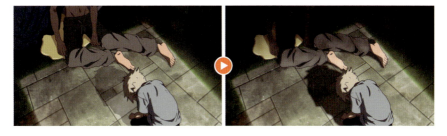

ビルスにてテクスチャーを加えつつ、先ほど言った別レイヤーの影を強めたり、暗がりを絞めるなどして画面のコントラストを強くします。これはこの後に加えるフレアやテクスチャーを考慮した調整でもあります。

フレアの素材を加えます。フレアは同じ素材を当てる場所によりマスクで切り取り、色相で色を変えた後に描画モードで合成しています。これを3層重ねてこのシーンを演出するライトを作成しています。先ほど強くした影とフレアがうまく調和して光の差し込み方がドラマチックになりました。

この回想シーンの特徴でもある、画面全体にかかるテクスチャーです。これを描画モードの「オーバーレイ」で不透明度100%で乗せています。

フレア、テクスチャー、そして画面全体の青い色調で、ハッシュの負った深い心の傷を空間で演出しています。

INTERVIEW 06

 株式会社 Khaki

Khaki(カーキ)はディレクターやVFXアーティストが集まった会社で、手がける作品は、CM、ミュージックビデオ、イベント映像、プロジェクションマッピングなど多岐に渡ります。ここでは、Khakiの水野さんと田崎さんに、空間演出に関してお話をうかがいました。

水野 正毅 Masaki Mizuno

Autodesk社のFlameによる編集をメインとする、KhakiのCEO兼VFXアーティスト。
TOYOTA KIRIN ソフトバンク コカコーラなど年間50本以上のCMのフィニッシュに関わる。ミュージックビデオやプロジェクションマッピング、VRなど多種多様なフォーマットの経験も豊富でスーパーバイザーとしても活躍。

田崎 陽太 Yota Tasaki

3D-CGをメインとしAfter EffectsによるコンポジットまでトータルでおこなうVFXアーティスト。
代表作として
「Xperia / VOICES tilt-six Remix feat. Miku Hatsune」スペシャルムービー
NHK大河ドラマ「真田丸」オープニング
攻殻機動隊 新劇場版 Virtual Reality Diver
がある。CG、エフェクト、コンポジットなど自身で行うジェネラリストとして活躍。

ほぼ完成に近い絵作りをして編集では微調整ぐらいにしたいんです

―― 例えばCMの案件で空間演出も依頼された場合、どのように仕事を進めていきますか?

水野 監督の中には「こうやりたい」というビジョンがあるので、参考写真などを見ながら、どこまで撮影してどこから編集でおこなうのか、などのディスカッションをします。次に、編集のみでいけるのか、CGも入って協力体制で空間演出をしなければならないのかの話になります。CGを入れてしっかりした3D空間を作れば絵はリッチになるんですけど、そこまでやらなくてもいい場合があります。Flameを使っているので、カメラマップで写真を3Dに起こして正しいZ軸をつけることもできるんです。

田崎 CGで背景を作る時は奥行きを意識して作っています。ただレンダリングしただけでは空気感が出しづらいので、コンポジットでチリやフレアなどを足して空気感と奥行き感を出します。

―― 空間の作り込みはCGで全部やりますか?
それとも編集と組み合わせて行いますか?

田崎 ケースバイケースなんですけど、時間がある時は、ほぼ完成に近い絵作りをして編集では微調整ぐらいにしたいんです。なのでCGで空気感まで作り込みたいんですが、時間がないときはCGの素材だけを作って編集で空間演出をやってもらうこともあります。

―― CGと編集の比率はどのように算段しますか?

水野 スケジュールを逆算してお互いの作業時間のすり合わせをします。

―― CGの作り込みの話に戻りますが、CGではカラーグレーディングまで行いますか?

田崎 撮影素材に対して色合わせはやります。被写界深度もつけて出しますね。取ってくれと言われれば取るんですけれど、モーションブラーとかも基本は全部つけて出したいと思ってるんです。

―― そこまで作りこむんですか?

水野 田崎の場合は特殊で、CGディレクターではあるんですけれどコンポジターの経験もあるので、グレーディングも含めて監督と直にやり取りできるんです。

そういう積み重ねをしていくと絵がすごくリッチになりますね

—— 具体的な空間演出の手法に関してですが、カーキさんの手がけた作品の中にレンズフレアが印象的なものがありますよね。ああいったフレアは事前に入れることを考えているんですか？

水野 フレアに関してはその都度足しますね。映像全体をつないだ後にリズムでフレアを入れていくんですよ。そうすると感情をコントロールできるんです。

—— 撮影時にフレアを入れる場合がありますが、編集で他のカットにフレアを足す場合、フレアの形状や色のマッチングはどうしてますか？

水野 もちろんプラグインを使うこともあるんですけど、にじんでる感じとか実写でないと綺麗に出ないことが多いんです。なので、なるべくフレアのプレートを撮影したりとか実写のあらゆるパターンをストックしておいて、その都度レンズに合ったものをチョイスしてよりエモーショナルなものにできるように配置しています。

—— 映像の完成度を高めるためのコツはありますか？

水野 密度が高い絵を作る場合も、視点の誘導、つまりどこに目を行かせたいのかというのを意識します。（暗く）落とすと所は落としちゃうんですが、そこをただ黒にするとペラっとしちゃうので、黒に落としつつそこにスモークやフォグを焚いているようなイメージにします。デジタルチックに黒100％、白100％、ということは絶対にしないで、美術のセットを組むように構築していきます。そういう積み重ねをしていくと絵がすごくリッチになりますね。

田崎 一回、絵に必要なあらゆる要素を足します。次にバランスを意識しながらプレビューして、マイナスになる要素、例えばフレアが効きすぎてそちらに印象が持って行かれてるとか……そういうものを減らしてバランスを整えていきます。

あらゆる可能性を一回まずざっくり試してみるんです

—— 映像を作り込む中で試行錯誤をされることもあると思いますが、そのやり方を教えていただけますか？

水野 例えば背景があってCGのプレートもあって、そこからもっと良くするためにはどうしたらいいか、といった時に、思い切って背景を反転させちゃうとか、あらゆる可能性を一回まずざっくり試してみるんです。これはありえないだろう、と言うものも含めて、ストックの中からイメージに近い写真をどんどんはめて行くんです。そうすると瞬間的にグッとくるタイミングがあったりするので、その分だけ切り出して配置したりとか。乱暴な

作り方ではあるんですけど、そうすることで無限にある可能性を絞り込めるんです。彫刻に近いですね。ざっくり形を整えながら方向性を定めて行って、ここだ！となったら後は細かく作っていく。というのが僕のパターンですね

田崎　絵のゴールが100パーセントだとしたら、積み木を一個ずつ重ねるような作り方だと、100まで行ったと思っても実は全然できていないということが結構あるんです。それよりは、ラフでもいいのでほぼ100パーセントのものをまず作って、そこから細かく作り込む作業をしたほうがクオリティー的にも精神的にもいいんじゃないかと思っています。

▶▶▶
一番いいバランスというのは絶対あると思っています

—— **お二人にとって空間演出とは何ですか？**

田崎　うまく立体感が出て迫力があっても、目が行かなければならない所に目が行かなかったらそれは空間演出としては失敗していると思うんです。なので、その絵がどういう演出意図があるのかを自分で把握して、一番効果的になるような配置とかバランスとかを心がけています。一番いいバランスというのは絶対あると思っていて、そこをいかに見極めるかが重要じゃないかと思います。

水野　空間演出は感情操作の1つだと思っています。例えばCGを合成するにしても、そうすることには監督の「ここに（心を）グッと来させたい」という意図があるはずなんです。その時に、普通の感じで作ってしまうと絵のテンションがそこで落ちるんです。驚きがない。そういった時に一番奥の何かを変えるトライをします。それはただフォグを足すとかフレアを足すというレベルではなくてもっと根本的にガラッと変える。そのトライの中で、突然絵がイキイキし出すんです。

—— **なるほど、空間を操作して感情が動くよう演出するわけですね。**

水野　そうですね。いろいろ試したものとそうではないものは（見て）分かるので、可能性を探りたくなるんです。

9 COMPOSITE FILE 「Amazon Fashion マニフェストムービー」より
田崎 陽太・水野 正毅 株式会社 Khaki

水野さんと田崎さんがタッグで手がけたAmazon Fashionのマニフェストムービーで、全編に渡り空間演出要素が満載です。撮影はすべてグリーンバックでおこなわれ、CG制作と編集に与えられた時間が約2週間というタイトなスケジュールの中で素晴らしいクオリティの作品に仕上がっています。CGと編集のオーソリティであるお二人だからこそ成し得た実績と言えるでしょう。この作品に関してインタビュー形式で解説します。

↑「Amazon Fashion マニフェストムービー」
株式会社 マッキャンエリクソン

―― オールグリーンバックでの撮影が前提だったんですね？

水野　そうです。テーマが白いボックスで、それが積み上がった巨大な空間というイメージでした。監督の作った3Dのラフイメージを田崎がデザインし直して、空間を構築していきました。

―― 制作時間がない中で空間デザイン等のチェックはどのようにおこないましたか？

田崎　静止画を監督に確認してもらいつつ並行で作業を進めました。

水野　短時間で完成できたのは、監督が完全に任せてくれた、という所が大きいですね。

田崎　まぁ通常の段階を踏んでいては終わらなかったでしょうね。

―― グリーンバックでの撮影素材を元にCGを作られたわけですね

田崎　After Effectsで撮影素材をキーイングしてCGを作って、それを編集に投げて仕上げてもらいました。

↑空間のコンセプトとなる積み上がったボックス

―― フォグやチリなどのパーティクルが組み合わさっていますが、あれはどちらの担当だったんですか？

水野　あれは編集ですね。

田崎　時間がなかったので、ぼくはCGを作って渡し、フォグやフレアは全部編集でつけてもらいました。

水野　黒い雷雲なんかも編集のパーティクルで作りました。後、広大な地面に漂う煙は素材がなく、CGで作る時間もなかったので、Flameのパーティクル機能を使って作りました。

↑パーティクルで黒雲を生成し、編集で雷を作成した

── 今回は時間がないので編集でパーティクルを生成したわけですが、普段はどうですか?

田崎　普段はCGでパーティクルを作ることが多いですね。

── 雰囲気のある空間に仕上がっていますが、ここに至るまでの過程はどのようなものでしたか?

水野　曖昧に煙とか配置していきます。配置の仕方ひとつで全然イメージが変わるのでいろいろ試しながら……。ぼくもある程度キャリアがあるので、曖昧な中にもここがイケて、ここがイケてない、というものが見えてくるんです。それでいい具合にはめていく感じですね。それでも今ひとつグッと来ない時は、思い切ってカメラの前にアクリルのガラスを置いたみたいに縦に伸ばしたりします。そうやって歪ませることで見せない所は思い切り見せない、という効果をつけます。それも「いかにもエフェクト」という感じではなくて、アナログで撮ったように見せます。そうすることで絵のクオリティが上がることもあるんです。

↑2つのカットにフレアを加えることでカットつながりの演出もしている

―― 遠景に関してはマットペイントと呼ばれる一枚絵を使うことがよくありますよね

水野 マットペイントと言うと通常はPhotoshopなどで緻密に書く2Dの絵の素材だと思うんですけど、田崎の場合は全部3Dで起こすんです。なので、どのアングルでも対応が可能なマットペイントになるんです。

田崎 3Dに起こしたものに書き込んで行く、という手法です。3Dでテクスチャー処理しようとすると時間がなかったりタイリング気味になる問題があるんですが、レンダリングしたものに汚れとかを足していくと、絵の完成度を素早く上げられるんです。

―― その方法を使うかどうかの見極めはどこでしますか？

田崎 カメラワークで算段します。カメラがぐるぐる回るようなものに対しては難しいんですが、カメラが少しスライドするぐらいだったらあまりパースが変わらないのでカメラマップしたものに上からテクスチャーを書き込んでクオリティーを上げますね。

水野 大地から山に行く流れというのは、1枚絵のレイヤーを置くだけではうまく表現できないんです。

田崎 ただ、大丈夫だと思われる所は大胆に一枚板にします。限られた時間の中でそういった選択をすることでクオリティーが上げられるんです。

↑グリーンバックで撮影したキャラクターとCGの背景が空間演出により見事に融合している

INTERVIEW 07

株式会社 グラフィニカ

株式会社グラフィニカは、作画、仕上げ、CG、色彩設計、美術、デザイン、撮影、編集といったアニメーション制作のほぼすべてのプロセスをカバーする総合制作スタジオです。さらに、アニメーションで培った表現や技法を応用して、ゲームやCM、実写PV、遊技機など幅広いジャンルの映像制作もおこなっています。ここではアニメーション作品に空間演出を加える撮影工程をおこなうVFXチームのお二人に、タイトなスケジュールで進行するテレビアニメ作品に関する話をうかがいました。

吉岡 宏夫 Hiroo Yoshioka

VFXチームのテクニカル・ディレクター。
撮影や会社全体で使えるツールをプログラムするチーム「技術開発 Cafe」を率いつつ、「夏目友人帳 陸」のオープニングの一部にも撮影参加するなど精力的に活躍している。
代表作：戦闘妖精雪風（撮影監督）／ブレイブストーリー（撮影監督）／THE IDOLM@STER MOVIE 輝きの向こう側へ！（ライブシーン担当）／など

田村 仁 Hitoshi Tamura

VFXチームのディレクター。
「夏目友人帳」シリーズほか、数多くの作品の撮影監督を勤める。
代表作：夏目友人帳 陸（撮影監督）／THE IDOLM@STER MOVIE 輝きの向こう側へ！（撮影監督）／キズナイーバー（撮影監督）／など

▶▶▶ このツールのおかげで絵作りに時間を割けるようになりました

―― 吉岡さんたち「技術開発 Cafe」で開発したツールを差し支えない範囲で教えていただけますか?

吉岡 プロジェクトごとの撮影に必要なスクリプトを実行するボタンをまとめたパネル機能を開発しました。撮影監督や監督補佐が作った効果などがボタンに登録してあって、コンポやレイヤーを選択してボタンを押すとスクリプトが実行されます。

―― 室内や屋外などのシーンごとに設定したエフェクトの組み合わせがワンタッチで適用されたりするんですね。

吉岡 そうです。ボタンの登録はプログラマでなくてもできるので、撮影監督や監督補佐がアイコンも含めてボタンを作成しています。ボタンはサーバにアップされるので、作成したボタンはすぐに全員が使うことができます。

田村 このツールのおかげで、ぼくらは絵作りに時間を割けるようになりましたね。

▶▶▶ 本編の作業が始まる前にいくつもサンプルを作ります

―― 田村さんのお仕事内容を教えていただけますか?

田村 まず監督やプロデューサーと話をして作品の大まかな方向性を決めて、そこで決まったことをもとに、撮影チームで撮影処理などエフェクト作りの打ち合わせを重ねていきます。本編が走り出したら今度は本編の撮影打ち合わせをやって、本編作業に入っていきます。

―― 打ち合わせの中で漠然とした要望が出る場合もあると思うのですが、田村さんのほうでそれを具体化しているんですね。

田村 やり方は人によって違うと思うんですが、作品の方向性を決める時に作品の中でやりたいことを聞いて、これは時間がかかりそうだなとか、これをやりたいんだなというポイントを見極めて、本編の作業が始まる前にいくつもサンプルを作ってチェックバックをくり返して、本編の作業の時には、それはもう完成されているようにしています。

―― そこで決まった表現方法を先程のツールに適用するわけですね。

吉岡 まあ全部がボタンにできるというわけではないんですけどね(笑)

田村 監督がここだけはこだわっているんだなという所には時間をかけて、他は開発Cafeの作ってくれたツールを使って合理化してカット撮影の数をさばきます。1話あたり300カット以上もあったりするので、それを3〜4日で仕上げるとなると、どうしても数を

さばくほうに意識がいっちゃうので、本編が始まる前に合理化しておく必要があるんです。

―― 数をこなさなければならないけれど、映像の質も維持しなければならないですものね。撮影は何人ぐらいで行うんですか？

田村　撮影監督1人、撮影監督補佐が1人、スタッフが2人。大体4人チームが平均ですが、瞬間的には周りの他のスタッフにお願いすることもあります。

―― それは会社ならではの強みですね。

田村　（笑）そうですね。

―― プロジェクトの中で田村さんに一番負荷がかかるのは最初の効果の設定、雰囲気作りになるわけですか？

田村　最初が一番気をつかいます。特に初めて組む監督さんや制作チームだと緊張しますね。

―― そうでしょうね。試行錯誤の部分もあると思いますし。

田村　最初はいろいろこねくり回していろんなめんどくさい工程を経ても、良い絵を見せてそれがオッケーになったら後はもうそれを整頓するというか、吉岡たちの作ってくれているツールを使えば、最初ぼくがこねくり回していたコンポも整理されるので……。

吉岡　最近はキャラクターに処理が施されることが多いので、まず撮影監督に決めてもらって、そのレイヤーの構造を今度はカットに割り当てなければいけないのですが、それはプログラムでやる、と。

▶▶▶
撮影処理をどこまでやっていいのか線引きが必要です

—— **ひとつのカットができ上がるまでの流れを教えていただけますか?**

田村　まずコンテを読み込んでカットの撮影香盤表を作成します。次に監督、演出と打ち合わせをしてスタッフの振り分けをします。香盤表のメモ欄に撮影処理の内容や、2D、3Dの詳細が書いてあるんですけど、これは本来アニメーションの撮影で使うタイムシートに書くものなんです。でもそれだとシートが来てからスタッフが確認することになるので、シートが来る前に処理を決めて1話の(作業)カロリーを測って、スタッフと情報共有しながら準備するんです。本編が始まると、セルや背景が来てその作品用に用意しているひな形コンポを使ってカットを組んで行きます。

—— **撮影したカットのチェック方法は?**

田村　レンダリングしたムービーでチェックします。特殊なカットの場合はそのスタッフとぼくとでコンポジションを前に一緒に考えますが、7〜8割の一般的なカットはムービーでチェックします。

—— **作品の中で力をいれるべきカットに対して田村さんはどのようなアプローチをしていますか?**

田村　撮影処理をどこまでやっていいのか線引きが必要になってくるので、撮影ボードというイメージボードのようなものを作って監督とすり合わせます。それでオッケーが出たらそのボードを基準に進めていくわけです。

—— **その撮影ボードは毎話作るんですか?**

田村　それが可能なスケジュールのタイトルとちょっと厳しいタイトルがあるんですけれど、まずは制作さんにこういうことをやりたいんですが可能でしょうか?と相談します。最初の話数が一番ボードの数が多くて、当然話数が続けば同じシーンが増えてきまので、一話二話だけ頑張って作れば後は少なくなっていきます。

↑「キズナイーバー[注1]」で提出した撮影ボード。撮影処理前と後でイメージが大きく変わっていることが分かる

【注1:「キズナイーバー」】2016年に放映されたTRIGGER制作のTVアニメ。

―― 撮影ボードは何パターンか出したりするんですか？

田村 そうですね。悩んだ時は2～3パターン監督に見せて、「これとこれの中間」とか「これとこれを合わせたもの」とか言ってもらえれば、それをまた提出して詰めていきます。

―― それは本編の撮影前の工程ですよね？

田村 そうです。これを本編が始まってからやると、シーン約30カット丸ごとリテイクになってしまうので、それは避けなければなりません。

―― 設定したフィルターをかけても、例えばアップとヒキとで効果の見え方が変わる場合があるじゃないですか？その時は各自で調整を行いますか？

田村 監督の好みによりますね。カットごとに変えて欲しいという方もいれば、シーンは全部統一して欲しいという方もいらっしゃいますので、それに合わせています。

―― その橋渡しを田村さんがやらなければいけないということですね？

田村 そうです。個人的にはカットごとに調整したいんですけどね。カットが良ければシーンも良くなると思っているんです。

↑こちらも「キズナイーバー」で提出した撮影ボード

▶▶▶「夏目友人帳」では柔らかい表現にいちばん気をつけています

―― 「夏目友人帳」のシリーズを通して見ると、木洩れ日の表現が印象的ですね。

田村 木漏れ日はシーズンを重ねるごとに若干変化しているんです。最初のシーズンの時に木洩れ日をどうしようかと監督と相談したんですけど、フィルターのフラクタルノイズとかで木洩れ日は作れるんですが、監督が「夏目の世界観があるから作画で木洩れ日を作りたい」と。それで作画で木漏れ日の素材を書いてもらって、最初のシーズンではそれは撮影で乗せていました。でもそれだとちょっと浮いちゃうねという話で、3シーズン目からセルの影の部分には木漏れ日が乗らないようにする、といった変化がついてきました。

↑「夏目友人帳」の木漏れ日表現

―― そうだったんですか。

田村　困ったときには漫画の原作を読むんですけれど、優しい世界を出すためにあまりCGというかデジタル感を出さないように、木漏れ日に関しても気をつけています。

―― あと印象的なのはソフトフォーカスですよね。全体を通してソフトフォーカスがかかって柔らかい雰囲気になっていますね。

田村　ソフトフォーカスのためのフィルターは画面全体にかけています。

吉岡　やりすぎるとお風呂に入ってるみたいになっちゃう（笑）。

田村　そうなんですよね、湯気みたいになっちゃう（笑）

―― フィルターかどうか分からないくらい微妙で自然なんですが、確かに柔らかい画面になっている、と感じました。

田村　最初のシーズンの時は季節をはっきり分からせるために、夏はフィルターをちょっと強めにして、秋冬は少し抑えて空気がパッキリとしているように、という方向性でやっていたんですけど、シーズン3、4でフィルターはあまり乗せないようにしました。で、シーズン5から線処理が加わったんですね。

―― 線処理、とは？

田村　主線にペンタッチをつける効果で手書きっぽくしています。

―― （実際に見ながら）なるほど。フィルターの組み合わせで線の太さが均等じゃなくなってますね。
田村　そうです。これも柔らかい雰囲気を作っている要因のひとつなんです。
吉岡　線でリズムを出しているんですよ。

―― 確かに線の中にもリズムがありますね。
吉岡　もしくはノイズというか……。ノイズっていうと悪い印象がありますが、それをコントロールするとリズムが生まれるんです。

―― 一本調子にならないということですね。
吉岡　そうです。

―― そういった効果のおかげで原作の持つ優しい絵の雰囲気が画面に出ているんですね。
田村　「夏目友人帳」では柔らかい表現に一番気をつけています。まだら【注2】が妖怪を追い払う時に青い光を出すんですけど、そこを極力シンプルにしようと心がけています。いろんなエフェクトを加えるとどんどん原作から離れて行っちゃうんです。なので白とばしにちょっと色を入れて「カッ!」という感じの光だけにしています。

【注2：斑（まだら）】「夏目友人帳」の主人公、夏目貴志の「自称」用心棒ニャンコ先生の正体で、強力な妖怪。

―― 怪獣みたいにならないように、ですね。
田村　そうです。

▶▶▶

画面の中に完全な黒と白がどこかにある絵が好きなんです

―― 田村さんの考える空間演出とは何ですか？
田村　シーンはもちろん綺麗にしたいんですけど、背景素材はセル素材や3Dなどいろんな素材が集まってくるので、それぞれの素材を活かすということをまず考えていますね。After Effectsは何でもできちゃうんですが、ゴリゴリにすればするほど素材が潰れていくのでそこのバランスに一番気をつけています。その絵がかっこ良くなったからといって見せたい情報が潰れちゃうと意味がないので。

―― 単純な見栄えだけじゃなく素材の馴染ませ具合、とかですかね？
田村　個人的に昔の映画が好きだということもあって、絞める所を絞めてコントラストを強めた絵が好きなんです。なので、監督、演出と相談して、もし問題なければ撮影の

ほうでシャドウを絞めつつ明るいところは残す……。極端な話、画面の中に完全な黒と白がどこかにある絵が好きなんです。

―― **デジタルであらゆる処理ができますが、撮影で色味を変えて色彩設定さんから「これはちょっと……」と言われたりすることなどありますか？**

田村　あります、あります（笑）。ですので、確実に許可を得るというか、色彩さん、美術監督さんなどのオッケーを監督にとってもらいます。

―― **撮影ボードを監督だけではなくてその方々にも見てもらうわけですね？**

田村　メインスタッフの方々すべてに見てもらって、「監督の意図する絵を作るために撮影でここまでやってますけど、もしそれがまずそうだったら言ってください」という話し合いはするようにしています。

▶▶▶ ぼくらは映像でリズムを作っているんです

―― **吉岡さんの考える空間演出とは何ですか？**

吉岡　コントラストや距離感など……、ぼくはそれはリズムだと思うんです。画面の中でも拍子が違う部分がある。それが同居するとリズムになるんです。（画面のシャドウとコントラスト部分を指しながら）この場所とここではリズムが違いますよね。ぼくらは映像でリズムを作っているんです。そしてそこには時間もあるし縦と横の空間もある。その2つに対してリズムを変えていくことで人の心を扇動していくんです。

―― **常に同じではなく、時間に従って、あるいはカットごとにリズムを変えるということですね。**

吉岡　そうです。たとえば光が徐々になくなっていく、というリズムをつけることもできるんです。

COMPOSITE FILE:01
田村 仁　株式会社 グラフィニカ

「アイドルマスター ミリオンライブ！4周年記念アニメPV」より

「アイドルマスター ミリオンライブ！」の4周年記念アニメPVからの1シーンです。こういった壁全面におよぶような大型モニターのシーンでは光の反射をどう演出するかがポイントとなります。

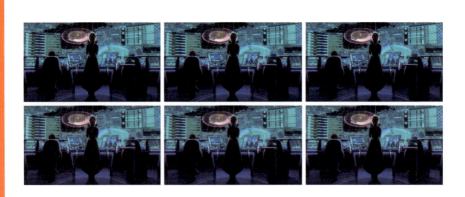

©窪岡俊之　©BANDAI NAMCO Entertainment Inc.　©BNEI/PROJECT iM@S

『アイドルマスター ミリオンライブ！』は、2013年にサービスを開始した『アイドルマスター』シリーズのソーシャルゲームです。登場アイドルは、「765PRO ALLSTARS」の13人に「MILLIONSTARS」の37人を加えた総勢50人をトップアイドルにすべくプロデュースしていきます。

公式サイト：http://bandainamcoent.co.jp/cs/list/idolmaster/million_live/

このカットを構成するパーツを大まかに分けると、奥から、背景、大型モニター、コンソール、モニター、操作キャラ、手前のコンソール、手前のモニター、手前のキャラ、となります。

背景とセルを合わせた加工前の状態はこのようになります。これに対して、グラフィニカのデザインスタッフが作成したモニター・グラフィックスの素材を合成し、その光による影響を加えてシーンを完成させていきます。

一番の光源となる大型モニターを背景の上に置き、その上にコンソールを重ねます。大型モニター素材はすでに完成状態に作り込まれているので、ここではモニターの内容に関する追加操作はしません。

コンソールにモニター素材を加え、モニターの発光による影響を出すためにコンソールの暗い部分を締めつつ抽出したハイライト部分を重ねてコンソールのエッジの反射を際立たせています。この時、コンソールの暗い部分にある非常に細かい黄色い表示部分に対してレベルを上げたものを加算で乗せて光っているように見せています。こういった細部におよぶシャドウ部分とハイライト部分とのメリハリづけがシャープな映像を生み出します。

コンソールを操作するキャラクターを重ね、床への映り込みを作成した後、キャラクターのハイライト部分を重ねて光の反射を強めています。これは同時にキャラク

ターがコンソールに潜り込まない効果も上げています。

手前のコンソールとキャラクターも同様にハイライトを強調しています。

全体調整では、なじませるためのディフュージョンと大型モニターの光に応じたグロー効果を加え、全体に明るくなった分だけ暗い部分を引き締めています。

モニターの光らせ方は演出によりさまざまで、このカットでは監督やスタッフと何パターンか見比べた後、モニターの内容が認識できるレベルの光らせ方に落ち着いたそうです。モニターの光らせ方も単に明るくするだけでなく、同時にシャドウ部分を引き締めることでシャープな光になっています。

COMPOSITE FILE:02

田村 仁 株式会社 グラフィニカ

アニメ「夏目友人帳」シリーズより

アニメ「夏目友人帳」シリーズの第五期一話「つきひぐい」のラストカットです。うたた寝する柔らかい質感の夏目とニャンコ先生を夕陽が包み込んで、ひとつの話の締めくくりとシーズンの期待を煽るカットに仕上がっています。

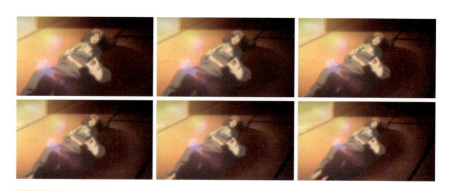

ⓒ緑川ゆき・白泉社／「夏目友人帳」製作委員会

アニメ「夏目友人帳」シリーズのDVD&Blu-rayは好評発売中！
完全生産限定版特典は、描き下ろしジャケット、オリジナルドラマCD「ニャンコ先生のダイエット」、ジャケットイラストカード、カラーブックレット、妖かるた、イベントチケット優先販売申込券付き！

Blu-ray完全生産限定版 6,200円+税
DVD完全生産限定版 5,200円+税
発売元：アニプレックス
【アニメ公式サイト】　http://www.natsume-anime.jp/

このカットを構成するパーツを大まかに分けると、奥から、背景、影、キャラの塗り、キャラの線、フレア、グローボール、となります。影とキャラの線は黒なので、この図では見えるように明度を反転して白くしてあります。

背景にぼかし処理を加えた影を重ね、次にキャラクターの塗りだけを合成しています。これは線も含めた1枚のセル素材から塗りの部分だけを抽出したものです。

9

塗りのレイヤーを重ねて柔らかい階調とやや普通の階調部分、さらにハイライト部分を作り出しています。また、布団の部分にはテクスチャー処理で塗りムラを加えています。

塗りの上にキャラクターの線を重ねます。この線はセルの線をそのまま乗せているのではなく、エフェクトを使って揺らぎのある手書きのような線にしてあります。この線に関して少し説明します。

セルの線に対してフラクタルノイズを参照したディスプレイスメントマップを適用し、さらにレベルなどの微調整を加えることで手書きのような微量なムラのある線にしています。普通に映像を見ているだけでは気づかないかもしれませんが、画像で見比べると明確に優しい線になっています。この線の処理は夏目友人帳の全カットに対しておこなわれており、その一見気の遠くなるような作業を可能にしているのが、インタビューでおうかがいした吉岡さんのチームの作成したワンタッチでエフェクトを適用するボタンの効果というわけです。

淡いコントラストの状態にレンズフレアを加えてさらに明るい雰囲気にします。これで全ての素材を合成したので、次は色調整です。

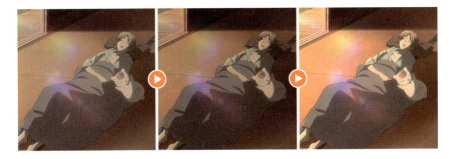

色を抜いた下地の上に同じものを乗算と加算で重ねることで、画面左上からの光を強調しつつコントラストを少し上げています。トーンカーブなどを使わず描画モードで色味に対する陰影を調整して独特の柔らかい表現にしているわけですが、こういった操作に田村さんのこだわりがうかがえます。

左上にグローボールを加えて夕陽を強調しています。ただしこの操作は光を強くするというより、光の影響する範囲を明確にする、というイメージです。

9

3Dライトを使って畳の隅に柔らかい円形の影を生成し、夏目を包む夕陽をさらに強調しています。

最後にコントラストを調整し、拡散処理をおこなってより柔らかい雰囲気に仕上げています。

INTERVIEW 08

株式会社 フラッグ

フラッグは映像やWebなど各種コンテンツの企画、制作から広告、宣伝までを手がける会社です。幅広いコンテンツの中で今回お話をうかがうのはアニメ「鬼平」のオープニングです。通常のアニメ番組と違いインストゥルメンタルの曲に乗せたモーショングラフィックスのオープニングで、江戸をモチーフにしたスタイリッシュな映像に仕上がっています。この作品の制作過程と空間演出に関して、コンシューマー向けのコンテンツを手がける第2コンテンツ制作部の山﨑さんと竹之内さんに話をうかがいました。

山﨑 豪
Tsuyoshi Yamazaki
第2コンテンツ制作部
プロデューサー／プランナー。

竹之内 賢児
Kenji Takenouchi
アートディレクター／
CGデザイナー。

↑アニメ「鬼平」オープニング
©オフィス池波／文藝春秋／「TVシリーズ鬼平」製作委員会

9 アニメのオープニングぽくないものを作ってくれと言われたんです

―― 一番初めはどういう内容の話が来たんですか？

山﨑 まずプロデューサーから、アニメ素材は使わない、江戸の街並みを表現して欲しい、楽曲はジャズテイストのインスト、というお話をうかがいました。

竹之内 ラフの楽曲をいただいたので、それを元に絵コンテを2案作りました。

山﨑 竹之内の作るコンテは、スキャンしてそのまま動画のカットに見えるようにデザインすることが多いんです。

竹之内 そうですね。そのまま動画の素材になるくらいのコンテを作りました。

―― 提出したのはVコンテだったんですか？

竹之内 そこまではいかないです。絵コンテと、一部分を追い込んだイメージ動画を2つぐらい出しました。

山﨑 コンテではよく分からない部分があって、動きを見せたかったんです。

竹之内 それで、イメージボード用に作り込んであるデータから動画にしました。

―― その段階で、竹之内さんが作品内でやりたかったことはありますか？

竹之内 言われたことの中で印象深かったのが、アニメのオープニングぽくないものを作ってくれと言われたんです。タイポグラフィーが好きなこともあったので、文字と抽象的なイメージを使ってモーショングラフィックス寄りのオープニングをやりたいと思いました。

―― モーショングラフィックスにしたのは竹之内さんのアイデアだったんですね。

山﨑 （イメージに関して）2人でずっと話し込んだことがあったよね、丸ノ内線の中で（笑）

竹之内 ああ、ありましたね（笑） 一番最初の打ち合わせの帰りで、どこを狙ってるんだろうということを2人で相談したんです。

山﨑 和風にしすぎるとかっこ悪いですよねと言ったの覚えてます。

竹之内 ジャズって言ってたのでおしゃれ系に寄せるってのもあったけど、完全にそっち方向にフリすぎるとまた違うしな、と。最初は悩みましたね。そういうこともあってコンテを2つ出したんです。

着物の柄もいただいたので、デザイン背景の一部に使っています

―― **使用した素材はすべて提供してもらったものですか？**
竹之内　デザイン周りはこちらで作ったのですが、提灯とか十手とかの小物のイラストはいただいたので、それをトレースして使いました。

―― **どのくらいのタイミングで素材が来たんですか？**
山　﨑　コンテを切る時にちょっともらって、制作が決まってから全部のデータをもらいました。
竹之内　着物の柄もいただいたので、デザイン背景の一部に使っています。それと、イラストはシルエットなら使っていいと言われたので、切り抜いてシルエットで使っています。

―― **作品はどうやって組み立てていきましたか？**
竹之内　コンテである程度カットの構成が決まっていたので、後はその中で一個ずつ追い込んでいくという感じでした。後のカットでこの動きをやるから今は使えない、という割り振りをしたり。

―― **全体の流れの中で細く詰めていったということですね。**
竹之内　そうです。細かい詰めだけですと途中でずれてくるものがあるので、詰めた後に一回戻って、また細かく詰めて、を繰り返しました。

―― **苦労したカットはありますか？**
山　﨑　提灯の中を進むカットが、最初空間ぽくない感じだったんです。
竹之内　最初は提灯のベクターデータを使っていたんです。それが今ひとつだったので3Dデータに差し替えました。
山　﨑　自分としてはこのカットでこの（アニメ作品の）世界に入っていくイメージがあったので、より立体的に動いてもらいたかったんです。
竹之内　あれは若干苦労したカットではありますね。

↑画面を埋め尽くす提灯がカメラの横を通り過ぎる

9 感情をコントロールできるのであれば絶対必要だと思います

—— 空間演出に対して考えていることがあったら教えてください。

山﨑 作品によりますが、今回のようなアニメのオープニングはその世界に入っていかなければならないので、静止の絵で成立するのであればそれでいいとも思いますが、空間演出を加えることによってユーザーの感情をコントロールできるのであれば、(空間演出は)絶対必要だと思います。

竹之内 例えばぼかしとか影などで奥行き演出をする際に、ちょっとずつリアルで自然な表現を足す。そのほうが良い空間に見えてくると思います。それと、間やテンポは大事だと思います。

—— 鬼平のオープニングでは、動きも空間演出の一部になっていますね。

竹之内 動きのメリハリはすごく意識しましたね。まず静止の絵でかっこいい絵を作って、次にそれをどう動かすか、を考えました。

↑細かい動きと大胆な背景パターンなどを組み合わせてメリハリのあるモーショングラフィックスに仕上がっている

COMPOSITE FILE

アニメ「鬼平」より

竹之内 賢児　株式会社 フラッグ

アニメ「鬼平」のスタイリッシュなオープニングは、作品の世界観を表す、提灯、十手、着物の柄などをモーション素材に使い、明朝体や行書体のテキストと朱印でスタッフ名を表示しています。オープニングの中の1カットを使って、このモーショングラフィックスにおける空間演出方法を解析してみましょう。

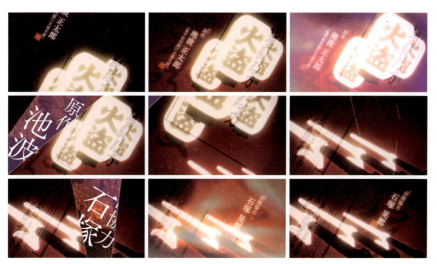

©オフィス池波 / 文藝春秋 /「TVシリーズ鬼平」製作委員会

画面を構成している階層を説明する前に、このカットの流れを解説します。まず大きな流れとして、最初に提灯と原作者池波正太郎の文字が表示され、カメラが素早く右にパンして十手と企画協力者の文字が表示されます。

カメラのパンの前後では画面を切り裂くデザインで原作者と企画協力者の文字がはめ込まれ、映像にインパクトを与えています。

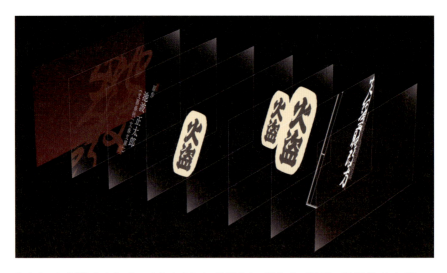

このカットを構成するパーツを大まかに分けると、奥から、背景、行書体の文字、スタッフテキストと朱印、3つの提灯、デザインテキスト、火の粉、となります。デザインテキストは実際は黒ですが、この図では分かりやすいように明度を反転して白にしました。また、提灯までは3Dレイヤーになっています。

まず初めにグラデーションの背景に行書体をアレンジした「池波正太郎」の文字をオーバーレイで合成し、ゆっくり下に移動させています。

続いて上下に朱印を配した明朝体のテキストを配置します。2つの朱印とテキストは別レイヤーですが親子関係でリンクしており、画面上から素早くスライド・インした後に、背後の行書体とは異なる速度で下に移動しています。3Dレイヤーでの配置も、背後の行書体とは距離を空けて手前に配置してあります。

3つの提灯はベクターデータをシェイプレイヤーに変換して配置してあります。これによりAfter Effects上で色や形状の変更が可能になるわけです。同じ提灯を3Dレイヤーで違う奥行きに配置して動かすことで、カメラから見た大きさの違いと微妙な移動速度の差が生まれます。

3D空間での配置とカメラの関係を見てみましょう。図のように、奥行きに差をつけて配置したテキストや提灯に対してカメラを傾けて撮影しています。こうすることで画面が斜めになっているわけです。背景のグラデーションは2Dレイヤーなので、常にカメラに静態して写ります。

提灯まで重ねた段階で調整レイヤーを作成し、グローとカラーグレーディングをおこなっています。使用しているプラグインはサードパーティのもので、グローは「Sapphire」の「S-Glow」、カラーグレーディングは「Magic Bullet Looks」を使っています。このグローに対して黒いデザインテキストを上に乗せることで影のような効果を生んでいます。

最後に実写の火の粉の映像を着色加工したムービーを描画モードで合成して画面にさらなる動きと雰囲気を加えています。この効果はパーティクルでも試したけれど見え方に満足いかず、実写に切り替えたということです。

9 提灯とテキストの位置がおさまると、カメラが動いて次のスタッフのポジションに移動します。その時に、画面を切り裂くデザインで再度原作者のテキストが現れ、映像にインパクトを与えています。この一瞬垣間見える画面も重厚に作り込まれています。

墨の広がる映像を加工にしたムービーの上に着物の柄を乗せ、さらに桜のイラストを描画モードで合成してます。この下地にライトリークのムービーを合成することで画面に動きを出しています。これだけ作り込んだ下地はすべて最後に乗せるテキストを引き立てるためのもの、というのがポイントです。どんなに画面を重厚にしても、見せたいテキストの邪魔をするようでは何の意味もなさないわけです。

カメラを次のスタッフのポジションに移動させ、同時に次のキービジュアルの十手をスライド・インさせます。

この流れの組み合わせでスタイリッシュなオープニングができ上がっています。

©オフィス池波 / 文藝春秋 / 「TVシリーズ鬼平」製作委員会

INTERVIEW 09

 Lili

LiliはVFXディレクター集団で、映画、テレビCM、ミュージックビデオなどVFXが関わるあらゆる範囲の作品を作り続けています。ここでは安室奈美恵のミュージックビデオにおける空間演出方法を新宮監督にうかがいました。

新宮 良平 Ryohei Shingu
フィルムディレクター。
代表作:NHK大河ドラマ「真田丸」オープニングタイトル／欅坂46 ミュージックビデオ／ソルマック5 TVCM

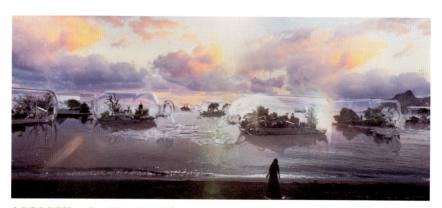

↑安室奈美恵「Dear Diary」ミュージックビデオ

光をどこに置くのかを決めるのは大事な作業なんです

—— 独特の世界観ですが、この世界の構築はどのようにおこなっていますか？

演出コンテの段階で雰囲気は決まっていました。山に囲まれている海岸で、そこに瓶がある、という所までは。そこからCG部とどうやって作るかの話をして、ただの山じゃつまらないからマット画で行こう、といった展開になっていきました。

—— 撮影した映像に対して具体的に世界を作り上げていくわけですが、その工程を教えていただけますか？

撮影した映像に対して、まずベースとなる映像のグレーディングを行います。それは「光がどこにあるか」と言う視点で、（暗く）落とす部分は落として強弱のある画面にします。そして、その映像をもとに空を決めます。空を最初に決めなければいけないのは、それが一番光の影響を受けていて、画面を占める割合の多い部分だからなんです。光をどこに置くか、空の明るい部分がどこなのか、というのを決めるのは大事な作業なんです。

—— 空を決める、というのは具体的にどういった作業になりますか？

オフラインの時に空のイメージを画面に入れ込んで、それに合った空のパターンをマットペインターから何パターンか出してもらいました。

↑オフライン編集ビデオ。右下に監督のイメージする空のサンプルが貼りこまれている

―― 光の方向と空が決まるとCGとの打ち合わせも進めやすいですね。

光の方向が明確に決まっているので、それをもとにCG部とカットごとのライトの打ち合わせをします。それから、マット画を足したものでCG制作を進めてもらいます。あと、光に関してはそのカットがPVのどのタイミングかが重要です。例えば、序盤なのでまだ薄暗い、でもほんのり希望があることを見せる、ということが大事です。光がある方向は展開を感じさせるので、明るいほうに気が向くようにします。そのためにも暗い所は落とすんです。

▶▶▶
コンセプトがあれば無駄な発想や探りはやらないんです

―― 空間を作り上げていく上でのポイントはありますか？

カットをゼロから積み上げるとしますよね。探りながら作っていく……。ぼくも昔はカットを地道にゼロから組み上げていくタイプだったんですよ。で、最終着地は後で決まる、ていう。多分みんな最初はそうなんですよ。でもそれってものすごく時間がかかるじゃないですか。

―― 手探りで組み立てていくわけですからね。

最高の理想値が頭の中にあるんだけど、そこにたどり着くために探りながら積み上げて行く。フレアを足してみようか……なんか違うな、とか。それはある意味合ってるんだけど、今のぼくのワークフローからいえば間違ってるんです。決まるものは最初にドカンと決まっていて、そこを目指さなきゃいけない。そのためにはカットのコンセプトを先に置くべきで、コンセプトがあれば無駄な発想や探りはやらないんです。

―― 他のスタッフを動かす立場からも、最初から手探りなのは時間がかかりますからね。カットのコンセプトを決めるために必要な要素は何ですか？

先ほども言いましたが、まずライティングを決めなきゃいけないんです。ライティングと空の雰囲気ってのは絶対一番最初に決めなければいけない。

―― それを最初に他のスタッフに伝えるんですね。

そうです。それを元にCG部が動くしグレーディングの方向も決まるんです。そういった意味で、決めなきゃいけないことは最初にきっちり決めます。そうすると着地がめっちゃ早いんですよ。

—— 光が一番重要な要素である理由は何でしょう？

先輩のコンポジターに、最初に何をしろと言われたかというと、「落とせ」と言われたんです。暗い所を落とせ、そうしないと何も始まらない、カットの方向が見えてこない、と。目線をどこに置くかでカットのコンセプトが決まるんですが、目線は光のあるほうに行くんです。なので、光の指向性をまず最初に作らなきゃいけなくて、その作業をしてからカットワークに入るんです。

—— 空間演出という意味でも光は不可欠ですものね。

光の仕組みが理解できていないと絵にならないというか、光がカットの空気感を全部決めるんです。

空間演出でやらなければいけないことは3つあります

—— 監督のお考えになる空間演出とは何ですか？

空間演出でやらなければいけないことは3つあります。それは「レンズ」、「光」、「空間」です。

まずレンズですが、レンズ効果ってのはこっちが何を見せたいと思っているのかを表現できます。現実的なものじゃなくても良くて、雰囲気を成立させるためのものです。ここを見て欲しい、てのが伝われば、画面の半分がボケてても構わない。そして、レンズ効果が入ると、映像に感情が入りますよね。このPVではやってないんですが、ぼかしたところから始まるカットとか、撮っている時はそういうことをやっていなくても、レンズ感を出すために意識してつけ加えます。

次に光ですが、光ってずっと動いてるじゃないですか。持ち上がって消えて……と、光のリズムがある。そのタイミングをカットの中でいくつも作るんです。グローの箇所がどんどん変わって行くとかもそうです。今回のPVではそれ（移動のキーフレーム設定）を手作業でやってるんですが、そういう所に雰囲気が出るんですよね。逆に、細かくやっていかないと絵がつまんなくなるんです。

3つ目の空間とは、チリとか煙とか物理的に埋める物です。見えなくてもいいんです。チリとかは大気の中に必ずある。そういう物は1パーセントの不透明度でいいんです。でもライトを当てるとちらっと持ち上がるとか……。そういうのを置くのが空間なんです。

COMPOSITE FILE
新宮 良平 Lili

安室奈美恵「Dear Diary」MVより

安室奈美恵「Dear Diary」のミュージックビデオは山に囲まれた海岸と海に浮かぶ瓶が印象的な作品です。この独特な雰囲気の空間を作っているのは背景のマット画やCGだけではありません。非常に緻密なカラーグレーディングの積み重ねと、見えるか見えないかギリギリの不透明度のチリ、そしてフレアが重なり合って印象的な空間を演出しています。ここでは撮影素材から完成映像に至るまでの空間演出方法を取り上げて解析してみましょう。

レイアウトチェック用ムービーから撮影したままの映像を見ることができます。晴れて明るいのですが、平坦なイメージです。

オフライン編集のビデオです。グレーディングにより画面が引き締まり、太陽の光が画面の左上から注いでいるのがよく分かります。この映像を元にマットペインターが空の選択と背景の山の作成を進めます。

マットペインターの作成した空と山を合成した映像です。さらなるグレーディングもおこなわれています。これをベースにCGの制作が進められます。

瓶のCGを合成します。CGは、海面の映り込み、瓶の本体、瓶の中、面の反射、スペキュラー、など個々に分かれていてそれぞれにエフェクト処理が施されています。

After Effects上でカラーグレーディングをおこなっています。シャドウ部分とハイライト部分を別々にグレーディングするなど、実に9レイヤーを使ってカラーグレーディングをおこなっています。

フレアとチリを加え、最終グレーディングやシャドウ部分の歪みなどを追加してより光の方向をはっきりさせてこのカットは完成しています。チリは画像では認識できないほど微妙なものなので、後ほど他のカットで説明します。

最終調整前と後のシャドウ部分を見比べてみましょう。最終調整によって画面右下のシャドウ部分が縦にブレています。これは、通常の映像では嫌われるレンズ周囲に生じる歪みをあえてコンポジットでつけ加えています。ただシャドウ部分を暗くするだけでなくリアルなレンズ効果の味付けをする。これが新宮監督の空間演出術の一つです。

もうひとつ新宮監督のこだわりを紹介します。カットの冒頭、左上の瓶のエッジが一瞬太陽光を反射して光ります。時間にしてわずか1秒足らず。しかも、このカットの視線誘導は中央の安室奈美恵にあるので、瓶はそれを邪魔しないようにブラーがかかっていますし、光もわずかなものです。言われなければ気づかないかもしれませんが、視界には必ず入っているので、これが映像の印象を左右する要因の一つになります。このような細かい効果を加えるのも、監督が再三語っていた光の方向性の重要さとこだわりの現れといえ、そこには映像に対する愛情を感じます。

別のカットでフレアやチリによる効果を見てみましょう。これは最終前の段階の映像で、背景の山が完成版とは異なります。ここにフレアと実写のチリを合成しています。

フレアとチリの映像は、素材だけを見ると実にたくさんの要素が入っています。が、これを描画モードの「スクリーン」で合成すると、シルエット部分だけに影響してフレア以外はさほど合成されていないように見えます。しかし、映像で見るとフレアとの相乗効果で微妙なチリの動きが確認できます。これが監督の言う「大気の中に必ずある物を置く」空間演出法です。

最後にもうワンカット、制作過程を図版だけで追いかけてみましょう。何層も合成が重ねられて細かいグレーディングが施されていますが、視線がきちんと中央の安室奈美恵に行くように演出されていることに注目してください。

INTERVIEW 10

山田 豊徳

山田 豊徳 Toyotoku Yamada

サンライズ、竜の子プロ、ガイナックス、サンジゲンを経て現在は株式会社カラーデジタル部所属の撮影監督。最新作はスタジオカラー初のテレビ作品「龍の歯医者」で、この作品の前身となる日本アニメ（ーター）見本市版に続き撮影監督を務める。
代表作：天元突破グレンラガン（撮影監督）／うーさーのその日暮らし（監督）／キルラキル（撮影監督）／など

▶▶▶
美術の方とよくコミュニケーションを取ろうと思ったんです

↑「龍の歯医者」
日本アニメ（ーター）見本市の短編を元にしたスタジオカラー初の長編テレビアニメーション。
監督：鶴巻和哉／原作：舞城王太郎／脚本：舞城王太郎、榎戸洋司／キャラクターデザイン：井関修一／制作統括・音響監督：庵野秀明
©舞城王太郎,nihon animator mihonichi LLP. ／ NHK、NEP、Dwango、khara

── 「龍の歯医者」に撮影監督として参加されたわけですが、スタート時に鶴巻監督とはどのような打ち合わせをしましたか？

まず鶴巻監督から日本アニメ（ーター）見本市の時とはビジュアル的に変えるという話がありました。あまり背景を描き込まず、絵画的、極端に言うと画面の奥が白く飛んでいてもいいというすごく割り切った演出プランを立てられていたんです。
撮影としては、美術の素材を活かす──筆のはけムラなどの雰囲気や紙の質感を活かすようにして欲しいということを強くおっしゃっていたので、あまり情報過多にならないように画面設計をすることにしました。

↑水彩タッチの背景が特徴的な美術

── 前編「天狗虫編」の龍の上や後編「殺戮虫編」の村など、朝のシーンでは特に水彩タッチが取り入れられてましたね。省略画法のとても印象的な背景でした。通常はそこで雲や朝もやの効果を入れたくなりますが、あえて入れていない。それはやはり狙いですか？

最初はフィルターをどんどん入れて空気感の厚みを足していくようなプランも立てていたのですが、監督と詰めていく内にどうやらそうではないな、ということに気がつきました。

── 実際にフィルターを乗せてみたもので検討しましたか？

しています。監督と検討し合っていく中で、「フィルターを乗せるにしても何か工夫が必要だ」とおっしゃって、どうしたらいいのか考えている内に「あえてフィルターを乗せない」という選択もあるな、と本作では思い切ることにしました。

── この作品でチャレンジしたことはありましたか？

鶴巻監督について行くということがまずチャレンジなんですが……（笑）。

美術の風合いを活かしたいという監督の要望を踏まえて、ぼくとしてもCGエフェクトがそのまま乗っているようなビジュアルにはしたくないと思っていました。そこで、美術の方に自分からお願いして、筆で描いたテクスチャーやレンズフレアのような光の筋などの手描きの素材を作っていただきました。それを撮影処理として活かしたいなと。

―― 美術とタッグを組んでいったんですね。

本作の背景は微妙なニュアンス、例えば、グラデーションとか、白く見えても実はうっすら色が付いていたりする所があったりとか、昨今のテレビアニメではあまり見かけないような描き方でしたので、これは美術の方とよくコミュニケーションを取ろうと思ったんです。美術はスタジオパブロさんという日本アニメ（ーター）見本市版の時も「龍の歯医者」を担当された会社なのですが、個人的に知り合いでもあったので、直接お伺いして鶴巻監督の要望をお伝えしつつ画作りについて相談しました。

―― 「龍の歯医者」での撮影監督として、まず取り組んだ仕事内容は？

美術さんと前もって相談したこともそうですが、モヤとかほこり、光り物といった数多くのエフェクトが想定されたので準備を進めました。使う使わないにかかわらず、自分が思いつく限りの仕込みの素材だけはたくさん作る、ということを最初にしています。

―― スタート時点で表現方法はある程度固まっていたんですか？

固まっていませんでした。本作に限らず、スタジオカラーはスタート時点では表現方法を固めないことが多いです。スタジオカラーの大きな特徴ですが、制作していく中でアイディアを足して行くスタイルです。ただ撮影の表現方法は本制作が始まるまでにどれだけ開発し、それを掛け合わせたり足したり仕込みからの応用技から生まれることが多いと思っているので、想定される準備はできるだけしておきました。

―― クライマックスのチリ関係の表現がすごいですよね。土煙、砂塵、虫歯菌のしぶき、色反転した血しぶき、と、あらゆるものを散らしているんですが、それらがすべて個別に認識できるほどしっかり作り込まれていました。それらも最初から仕込んでおいたものですか？

そうですね、コンテを見て爆発があるから土煙の素材を作っておこうとか、監督から「モヤは使う」と明確に言われていたので、これも美術さんに相談して何パターンか作っていただきました。血しぶきは「グレンラガン【注1】」の撮影でも使っている自分の得意技なんですが（笑）、実際に墨を紙に飛ばしたものをスキャンして使ったり、あまりCGエフェクトに頼らない手描きの素材感があるものを開発して、それらをライブラリ化して誰でも使えるようにしておきました。

【注1：「天元突破グレンラガン」】2007年に放映されたガイナックス制作のロボットアニメ作品で、劇場版も公開されている。

↑空間演出により混沌とした戦場の状況がより一層目に焼きつく

自分の想像通りの画に仕上がるのが嫌なんです

―― **撮影作業を担当者に振り分けるわけですが、その時にどのような指示をされましたか？**
どの作品でもそうなんですが、カットを担当者に渡すときに、口頭やメモをつけるなどして、できるだけ情報を伝えるようにしています。自分からもアイディアを出したりしますが、実作業でどう撮影するかはなるべく担当者に任せるようにしています。シーンごとに処理プランを決めてその通りに撮影してもらうやり方が多いと思いますが、ぼくはあまり事前に決め込みをしたくないタイプなんです。経験則でそうなった、という感じですね。

―― **ライブラリーができ上がっているということもありますしね。**
そうですね。でもそれも「面白かったら使っていいよ」という位の感じで（笑）。

―― **え、そうなんですか！？**
自分の想像通りの画に仕上がるのが嫌なんです。感覚的に（笑）。

―― **その人ならではの何かを出して欲しいということですか？**
言われた通りにやりました、と言われると一番落胆するというか、勿体ないなぁという気がするんです。そういうテンプレートを重視した作り方もあっていいと思いますが、ぼくはなるべく撮影ならではのアイディアを提案していくほうがいいと思っています。
まぁ、ぼくがひとりで思いつくことなどたかが知れていますから、他の子たちのアイディアをうまく画に取り込みたいなというのが本音です（笑）。

9 いろんな人の作業を合わせたシーンなんです

―― 「龍の歯医者」を観て感じた空間演出を掘り下げておうかがいします。先ほどお話しださまざまなチリなんですが、すべてのチリに風の表現があるんですね。それも、爆風を受けて舞うもの、突進する時の直線的なもの、衝撃を受けて渦巻くもの、など実に豊富で、それがシーンのリズムを出しています。これらの表現はどのように詰めていったんですか？

風の表現については、キャラクターのスピード感やカメラワークの速度に合わせてなるべくシーン合わせでコントロールするように意識していたと思います。それも監督に先行でテストを見せています。クライマックスなど重要なシーンが多かったので、監督とぼくとシーン担当者と3人で検討しました。

―― モノローグのシーンで、シンプルな背景に舞う灰が単なるエフェクトではなく美術の一部になっていると感じました。

あの灰は撮影側で3Dソフトを使って回転している灰の素材を作り、パーティクルとして使っています。大きさや落ちてくる量のバランスとルックは、背景と馴染むフォルムになるように監督に何度も見ていただいてイメージ通りになるまで詰めていきました。

↑モノローグシーンでのチリ表現はスローモーションとマッチした素晴らしい効果を出している

―― ラストの虫歯菌の灰ですが、この時だけ風が止んでまさにエンディングを感じさせる表現でした。

ラストの虫歯菌の灰はいっぱい降ってほしい、それも雪がドバドバ降っているように、という話だったんですが、そうは言っても見せ方としては静寂なイメージにしたいな、と

思っていました。

―― あれだけ巨大な物が灰になったんですから、かなりの量が降ってきますよね。
そうなんです。ドンドン降ってくる灰が雪のようにというイメージだったんです。でも、灰と雪は別物だよなぁと思い、ではどのように降らせるのが効果的なのかを考えて担当者とぼくと監督とでバランスを見ながら作っていきました。ただ、背景がああいう色味になるとは想像していなかったですね（笑）。

↑舞い落ちる灰のシーンは余韻を含むラストらしい仕上がりになっている

―― そうなんですか。エンディングらしい印象的なシーンに仕上がっていました。
実は分担した作業を合わせたシーンなんです。海をキラキラさせる、灰を降らせる、というようにそれぞれ得意な人に振り分けています。このように一人では完結しない作業の動かし方をする場合もありますね。「ちょっと血しぶきを足したいのでお願いします」といった感じで。その方が担当者の特徴も活かせるし、画に対しても色々なアイディアを入れるチャンスが広がると思っています。

▶▶▶ 「このカメラの揺れ方は違う」と言われて（笑）

―― 「龍の歯医者」の空間演出でのエピソードは何かありますか？
フレームの取り方で空間を演出できるんだな、ということを鶴巻監督に教わりましたね。スタジオカラーでは「撮出し」という監督と一緒にカットの撮影の決め込みを行う工程があるんですけど、ぼく等がテイクワンを撮った後に監督が「このカットは撮出しして調整

したい」と。そこでフレームを調整したり、フォロー感を出すために美術やセルの引くスピードを変更したりします。奥の雲に少しパースをつけて立体的にすることで距離感を出したり、手前の被写体をよりぼかして暗くすることで画面奥側に目線を送るなど、フィルターやCGエフェクトだけではなくカメラの切り方やフレーミングで画面の印象を大きく変えるということを沢山しました。これも自分の中では空間演出だと思っています。

── 我々はでき上がった映像しか見ていないのでその工程は想像もつかないですね。

カメラを揺らすという技法が撮影にあるんですが、同じ画面の揺れでも衝撃の振動で揺れているのか、手持ちカメラで揺れているのかで揺れ方に差をつけています。タイムシートには「カメラ揺れ」と指示が書いてあるので長年の感覚で揺れをつけてみたのですが、鶴巻監督に「このカメラの揺れ方は違う」と言われて(笑)。最初は何が違うか分からないんですが、監督の演出プランを聞くと「あぁカメラの揺れ一つとってもそんなに意図があるのか」と。そうして教わる機会が多かったのが嬉しかったですね。

── その時は実際にコンポジションを触りながら詰めていくんですか？

はい。鶴巻監督が撮影に付き添い調整します。本作の空間演出では他にもキャラクターの色を撮影で調整することがありました。最後に監督と画を詰める「撮出し」でそれらを調整していくので、監督のオーダーに対してすぐ閃いて作業するという対応能力が問われましたね。

▶▶▶ カットに対して撮影からのアイディアをたくさん盛り込むことができました

── この作品の空間演出での見所を教えてください。

殺戮虫編のベルのモノローグのシーンは完成した映像を見て驚きました。

── スローモーションの印象的なシーンですね。

そうなんです。コンテ上では「スローモーション」としか書かれていないので、音楽などが入り最終的な演出がどのようになるか分からなかったんです。あのシーンの冒頭に出てくる「青いチリを飛ばすのをなしにしよう」というのが当初のプランでしたが、演出効果として必要という判断となり、「やっぱり復活させよう」と話し合って決めました。その時はオーダーに応えるのに必死でしたね。でもカットが繋がった音のついた映像を見ると「こういうことだったのか」と本当に驚きました。そういう経緯もあって、納品前日に

ほぼ完成版を見て後は微調整のみというところまで来たのですが、ぼくとしては物足りなく感じた所がいろいろ出てきてしまって。監督が最後のリテイクを出して「じゃ、残りあと少しお願いします」と言った後に、「すいません、あの……」と、監督以上に60カットくらい追加で自主リテイクを……。

── それはやはりチリ関係ですか?

最後に悟堂[注2]が暴走する虫歯菌の根元を切るシーンがあるんですが、納品前日の撮影としてはあっさりした画でまとめていたんですよ。エフェクト的にも抑え目にして悟堂のアクション見せのカットにしていました。でもその完成一歩前で曲とかモノローグの演出に撮影が提示できる画が負けているなと思ってしまって。飛び散る飛沫のエフェクトなどを足して、より画を派手にするプランに切り替えました。もうぎりぎりの判断と調整でしたね。

【注2:悟堂ヨ世夫】「龍の歯医者」の主人公・野ノ子の先輩でベテランの歯医者

↑クライマックスシーンでの画面テンションを上げる演出

── そういった経緯が印象的なシーンを作り出すんですね。

そうですね。曲がつかないと分からないことってあるんだなと思いましたし、それに対してぼくらがリアクションバックできる時間があってよかったと思います。おかげで、カットに対して撮影からのアイディアをたくさん盛り込むことができました。それも単に画に厚みを足すという意味ではなく、より効果的な映像演出を情報として加えられたということですね。

── 音もシーンの極めて重要な要素ですからね。

ダビングという音響効果をつける工程は昨今のアニメ制作のスケジュールでは、ほぼ

色がついていない映像の状態でおこなうことが多いのですが、スタジオカラーではダビング時に効果音が絡むカットには色をつけて行っています。撮影で入れるエフェクトも、効果音が入るエフェクトは必ず入れなければならない。例えば爆発などがそうです。ダビングまでにアニメーションとタイミングを決める必要があるんです。

特に本作の「龍の歯医者」の場合は音響監督が庵野さんなのでより音に対するこだわりが強いということは言うまでもなくです（笑）。

なのでダビング前は1つのピークで大変なんですけれど、ダビングが終わった映像を見て「あぁ、これが狙いだったのか」とハッとさせられる瞬間もありましたね。ベルのモノローグのシーンはまさにそれです。

自分でやっていることや気にいっていることを俯瞰で見て分析するのが大切なんです

── ところで、以前にアメリカのアニメスタジオを見に行かれたそうですね。

アメリカのアニメイベントに招待していただき現地のクリエイターの方と交流している内にスタジオを見せていただけることになったんです。ソフトの使い方がものすごく洗練されていてちょっとショックでしたね。例えば日本ではこのソフトがないと相当困るという状況もあると思うんですが、多分アメリカのクリエイターは困らないと思います。それは、クリエイティブのコアな部分をしっかりと握っているからなんです。そしてクリエイティブな部分を培っていくフローがあり、それに対してどうツールを活かしていくかに専念する作り方なんですよね。ツールの開発自体もソフトメーカーと密にやっているんですよ。「一緒に開発しているよ」とさらりと言われるとドキッとします。

── 何を作りたいかということありきですからね。

アメリカのクリエイターは何を作るのかを明確に伝える能力があって、カナダなどの協力発注先会社に対してしっかりとそれをフローとしてやっているんです。日本でも今は海外の会社との協力なしでは作れない状況なので、アメリカの制作システムの流れや開発したアニメーションツールが一気に日本に流れて来たときに、日本らしいクリエイティビティを保つことができるのか、グローバルでやっていく手段を模索しないといけない状況にあると思いますね。

── そういった状況の中で、今後のアニメ界を担う若いコンポジターたちにアドバイスをお願いします。

アニメの背景やセルは、描き手によって意図と意思を持って描かれています。演出とし

て撮影でエフェクトを入れなければいけないことは当然ありますが、それがカットやシーンひいては演出プランの意図に沿っているかどうかということに気をつけたほうがいいと思っています。何故かというと、数多くの演出さんや原画を描いたアニメーターさん、美術さんたちと交流して話すようになって「(あの撮影エフェクトは)どういう経緯があって入れたんですか」と聞かれる経験を多くしたんですね。それはクリエイターとして当然知りたい疑問だと思います。完成品を見て「あれ、こんなはずじゃなかったのに」と思われるようなことはなるべく避けたいと思っています。

そのためにはコンピューターで作業をしている以上、自席の周りで仕事をするのは仕方のないことですが、それだけではなく違うセクションの人とも交流していただきたいですね。それによって100年間培ってきた日本のアニメーションの技を広く吸収、継承して発展させていくことができると思います。

―― **チームで制作しているメリットでもありますものね。では一人でやられているコンポジターには何かアドバイスがありますか?**

「映画を観なさい」とよく言われると思います(笑)。そこから一歩踏み込んでなぜその作品が好きなのか、どうしてこのカットが格好いいと思うのか、という所まで掘り下げたほうがいいと思うんですよね。いいと思う理由を客観的に見る視点です。ぼくは「カットを寝かす」ということをやるんですけど、何かしっくりこないなと思ったらもうカットの撮影はやめて、次の日にあらためて見ると何が足らなかったか気づくことがあるんです。自分でやっている作業や気にいっている画を俯瞰で見て分析するのが大切なんです。延いては、カットそして作品をより掘り下げることに繋がり、映像演出の深みが増すと思いますね。

▶▶▶

意図のないフィルターを入れて厚みをつけるのはぼくの中では正解ではないんです

―― **山田さんにとって空間演出とは何ですか?**

空間演出というのを意識するようになったのは、「トップをねらえ 2![注3]」という作品で鶴巻監督と一緒に光の演出などの撮影のプランニングを立てていた時からです。その時に、監督が「見せたいことはシンプルにやらないと見てる人に伝わらない」とおっしゃっていて、それがぼくの空間演出の基本となっています。

フィルターを入れたとしてそのことによって被写体が引き立つというのが空間演出であって、意図のないフィルターを入れて厚みをつけるのはぼくの中では正解ではない

んです。

何のためにフィルターを入れるのかが重要です。例えば夕景なので拡散したやわらかい光になるという現象と、映像効果として夕日の光の表現を強調したいからフィルターを入れる。でも、次のカットではキャラクターがアップのカットなので表情を見せるためにあえてそのフィルターは入れない。そういう明快な演出があってしかるべきかなと思います。

【注3:「トップをねらえ 2!」】ガイナックスが2004年～2006年に制作したOVA作品

—— **目指している演出はありますか?**

「絵に見える撮影を」とぼくはよくスタッフに話します。人によっては「画が馴染んでいる」という言い方もすると思うんですが。アニメーションの撮影で多く使われているソフトは、まず実写合成作業を念頭において作られていますよね。なので、実写系のCGエフェクトをそのままアニメに持ち込んでよいのかという疑問があります。アニメは連続した手描きの絵がつながって成り立っているんです。実写のCGエフェクトをそのまま入れるということは全く違うルックのものが映像内に混在していることになります。

アニメの撮影は、美術さんあるいはアニメーターさんが描いたように見える映像演出が、実は撮影で作っている、というのがぼくの中では一番いいと思っています。これは背景、これはセル、これはCGエフェクト、とまとまりなく見えるよりは、それらが渾然一体となっているビジュアルを目指していきたいですね。

COMPOSITE FILE:01
山田 豊徳 株式会社カラー

「龍の歯医者」より

「龍の歯医者」に登場する空を舞う龍は、単に巨大なだけでなく国の守護神としての神秘的な威厳も持っています。この威厳に満ちた巨大な龍をコンポジットでどのように演出しているか、探ってみましょう。

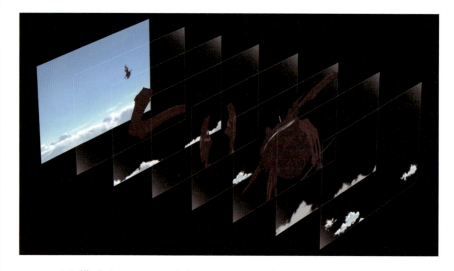

このカットを構成するパーツを大まかに分けると、奥から、背景、尻尾と艦橋、尻尾と足の間にある雲、足、足と腕の間にある雲、腕と胴と頭、霞んでいる雲、一番手前のはっきりした雲、となります。龍のボディパーツは、例えば腕にしても前、中、後ろ、の三列で分かれており、それぞれにラインやハイライト、シャドウの細かい処理が施されています。そういった各パーツの細かい処理が済んだものがプリコンポーズされてこのコンポジションに配置されています。

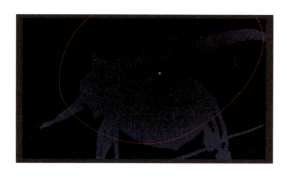

尻尾、足、胴と頭、の3つにまとめられたパーツに対してそれぞれ色処理をおこなっています。主に太陽光を受けての色かぶりを表現する効果ですが、青色の平面を各パーツ形状のトラックマットで合成した後に描画モードを使って合成しています。
これをマスクでおおまかに切り取って大きくぼかすことで間接光による柔らかなグラデーションを表現しています。

さらに異なるマスクの平面を何層も重ね、加えて色を暗くした平面も重ねることで、おおまかなように見えて実はパーツ形状に合わせて複雑に重なり合った光の影響の効果を作成しています。この時、あまり空の色に溶け込ませないで欲しいという監督からの要望もあり、陰影を残すように処理したそうです。

各パーツに効果を加えることで光効果で表現する巨大感を演出しています。

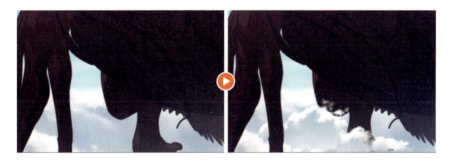

続いてオブジェクトを使った巨大感の演出です。このカットでは、尻尾と足の間、そして足と腕の間に雲を配置して距離感を演出しています。この雲は美術の描いた雲の一つをマスクで切り取って合成したもので、存在感のある雲だけに龍の巨大感がより際立っています。

9

次に調整レイヤーで全体を調整していますが、このシーンではトーンカーブでコントラストをつけ、ブラーエフェクトでディフュージョン（ソフトフォーカス効果）をつけています。

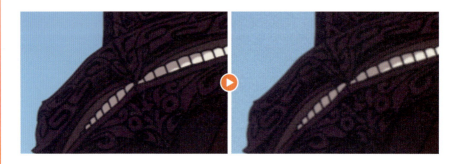

最後に「龍の歯医者」での基本フィルタを加えています。これはこの作品の全カットに適用しているエフェクトで、微量なブラーとノイズで線や色の階調のなじみを良くしています。一見、拡大しないと分からないような微細なフィルターですが、効果は絶大で、フィルムのような柔らかさを持った「龍の歯医者」の映像質感を決定づけています。

これで巨大な龍が空を舞うシーンが完成しました。

COMPOSITE FILE:02

「龍の歯医者」より

山田 豊徳 株式会社カラー

主人公の野ノ子が龍の歯医者として歩み出すシーンを締めくくるカットです。眼下に広がる海面のきらめきが希望に溢れた野ノ子の表情を包み、見事な感情表現になっています。

9

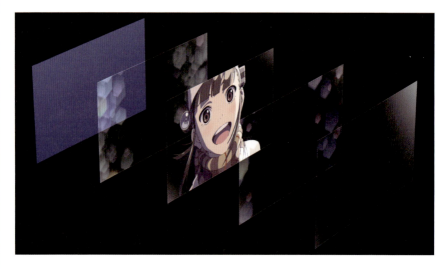

このカットを構成するパーツを大まかに分けると、奥から、シンプルなグラデーションの背景、レンズブラーのハイライト、野ノ子、手前のハイライト、右上から差し込む光、となります。

海面のきらめきは、Trapcode社のサードパーティ・プラグイン「Paticular」で生成した六角形のハイライトを基本とし、パーティクルの設定やブラー、色、彩度の設定を変えたものを幾層も重ねて作成しています。六角形のハイライトはカメラのボケによるレンズの絞り形状のシミュレーションで、被写界深度による背景のボケを感情表現のパーツとして使用しているわけです。

きらめきのパーティクルの生成方法をもう少し詳しく解説しましょう。シェイプレイヤーでレンズ絞りの形状である六角形を描画し、それにカラーグラデーションやブラーを加えたものをパーティクルセルにしています。これを、野ノ子のシルエットを使って、野ノ子の外側にきらめきが発生するように設定しています。きらめきは野ノ子の外側に見える光によるものなので、パーティクル発生の設定でそのルールを守っているわけです。単純に画面いっぱいにパーティクルを発生させて、最後に野ノ子のシルエットでマスクを切ろうとするとエッジ部分のきらめきの不自然さを調整することになります。それに対してパーティクルの設定時に野ノ子の外側から発生する設定をしていれば、後は色や重ね合わせなどの調整に専念できるわけです。図はパーティクルの発生範囲が分かりやすいように、設定に使用しているシルエットをきらめきにかぶせたものです。

パーティクルの寿命を短くすることで光のきらめきを表現し、全体をゆっくり上昇させて画面全体に動きを与えています。その動きを基本にして、きらめきの色やサイズを変えたものを4レイヤー重ねてきらめきのランダムさを強調しています。

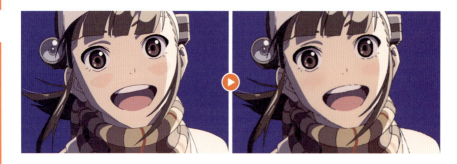

野ノ子のパーツは顔と風になびく前後の髪の毛に分かれており、それを重ねた後に塗りのぼかしと線のぼかしを加えて柔らかい質感にしています。その処理が終わったものをプリコンポーズしてきらめきの上に配置しています。

このカットは右上から光が差し込んでいるので、濃い青色の平面とマスクを使って野ノ子にシャドウのグラデーションを加えています。マスク境界を大きくぼかしているだけでなく不透明度も50％以下の微妙な効果ですが、これがあることによりシーン内における奥行き感が加わってキャラクターが活きてきます。このように、オブジェクト自体の持つ立体感と、その空間にいることで生じる立体感を個別に調整することは空間演出において非常に重要です。

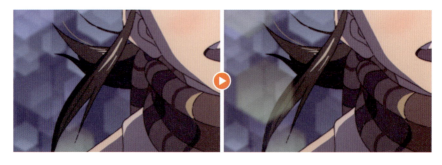

野ノ子の前にもきらめきが加えてあります。きらめきは点の光がカメラのレンズぼけにより拡散しているので、シルエットのエッジぎりぎりにある光は拡散して被写体の前にも漏れます。後ろのきらめきと同様にパーティクルのレイヤーを何層も重ねて作成してありますが、手前なので大きいきらめきがあり、全体の動きも後ろとは別の設

定がされています。また、野ノ子の顔の部分にハイライトが被らないようにマスクが設定してあります。

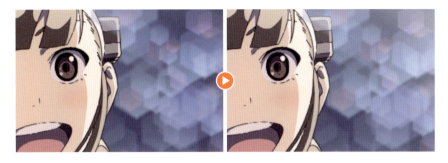

画面の右上から差し込む光は、平面とマスクでゆるやかなグローボールを作成し、それにノイズと拡散を加えてなじませています。ノイズに使用している「ノイズHLSオート」はノイズがランダムに変化するので、グローボールも海面のきらめきと同様に画面に動きを与えています。

光の影響によるディフュージョン（ソフトフォーカス効果）を加えて画面を整え、最後に「龍の歯医者」の基本フィルタでフィルムの質感に仕上げています。

COMPOSITE FILE:03
山田 豊徳 株式会社カラー

「龍の歯医者」より

龍の上から水平線を望むカットです。リアルでありながらも絵画的で、この作品の世界を明確に表しています。と同時に、海面に伸びる夕陽のきらめきは息をのむほど美しく、観る者に強烈な印象を与えます。

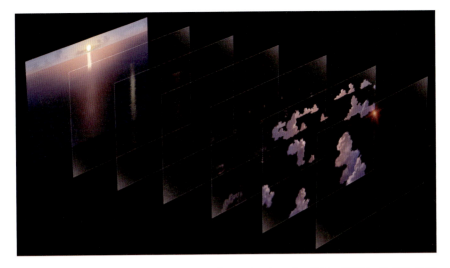

このカットを構成するパーツを大まかに分けると、奥から、背景、海面に伸びる夕陽の反射、夕陽を浴びた海面のきらめき、海面全体の波、戦艦、雲、太陽光のフレア、となります。これらひとつひとつが10以上のレイヤーから成り立っており、それが微細で美しい景色を作り出しています。

背景では、基本となる太陽と水平線の画像に、描画モード、マスク、不透明度、を組み合わせて太陽の反射光の素材を4枚重ねています。それにより、この時点で印象的な色合いと明るさのベースができあがっています。

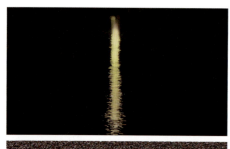

このカットを印象づけている夕陽の反射の素はラフな手書き素材です。実際は透明の上に描かれていますが、図では分かりやすくするために黒背景にしました。

手書き素材をリアルに加工し、かつ動かすために「フラクタルノイズ」を適用した平面が用意してあります。このフラクタルノイズはエクスプレッションでジラジラと横に動く設定になっています。

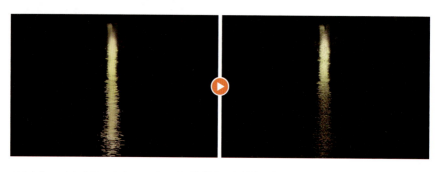

フラクタルノイズのルミナンスキーを手書きの反射のトラックマットにすることで、反射が点描になります。反射の上部と下部でノイズの強さを変えて点描にし、これを重ねて太陽の反射を作ります。フラクタルノイズは前述の通りゆっくり動く設定になっているので、それを使って点描にした太陽の反射も波に反射するようにゆっくりきらめきます。

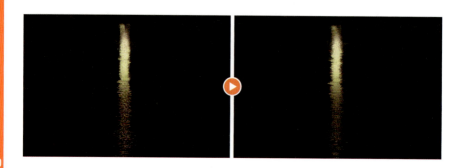

さらに「ディスプレイスメントマット」を使って反射を水平に歪ませ、細かく拡散させています。これで反射の基本は完成です。

反射を背景と合成する際は、同じ反射をマスクで部分的に切り取って複数のパーツに分け、それらを描画モードと不透明度で重ね合わせて反射の上から下までの間に明るさの強弱をつけています。

続いて夕陽を浴びた海面のきらめきですが、これも素は図のような黒背景に点描した手書き素材です。このような手書き素材が、水平線や手前の海面用に5種類用意してあります。

手描きの点描にフラクタルノイズを適用してランダムでさらに細かい点描にし、エクスプレッションでノイズを動かすことで点をきらめかせています。続いて「色合い」できらめく白い点に色をつけます。これを5種類の手

書き素材すべてに対しておこない、さらにフラクタルノイズと色合いの設定を変えたものを各素材に対して3種類用意して重ね合わせています。合計15のレイヤーが重なり合い、繊細で美しいきらめきができあがります。

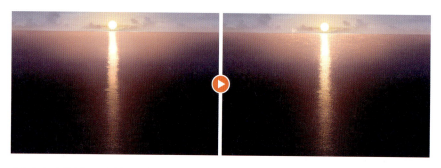

きらめきは前述の反射と同様、海面に「加算」の描画モードで合成され、見事な光の描写になっています。

海面全体の波は、平面に異なる設定のフラクタルノイズを適用し、それを描画モードで重ね合わせて作成しています。さらにノイズのコントラストを強めた平面などを重ね、3Dレイヤーにしてパースをつけています。この状態でグレースケールの海面ができあがり、フラクタルノイズの設定により波がゆっくり揺れています。

背景と合成する際は「レベル」で波のハイライト部分を抽出したレイヤーを3パターン用意し、全体の白波、夕陽のオレンジ色を加えたもの、夕陽のきらめき付近の明るいオレンジ色を加えたもの、に分けて重ね合わせています。

戦艦は手前から奥まで8層に分かれていて、それぞれが、本体、波、煙、の3パーツで構成されています。各パーツに明るさや夕陽の影響の調整が施され、夕陽付近の戦艦にはさらに夕陽に強く染まっているレイヤーも重ねられています。こうして合計27のレイヤーを使って艦隊が作成されています。

絵画的に書き込まれた雲は7層に分かれていて、エクスプレッションによりそれぞれ異なる速度でゆっくり移動しています。また夕陽でオレンジ色に照らされている部分は、雲の形状に抜き取ったオレンジ色の平面をマスクでグラデーションにして描画モードで合成しています。

9 これですべてのパーツが合成され、これに対して全体を整える光の追加や色の調整などをおこなっています。

サードパーティ・プラグインの「Optical Flares」によるフレアが太陽の部分に追加され、全体のコントラストを引き締めた後、ディフュージョン（ソフトフォーカス効果）や作品全体に共通で適用するノイズを加えます。このコンポジションは大きいサイズで作られており、最後にこれをゆっくりスライドさせてカメラの動きを加えて完成です。

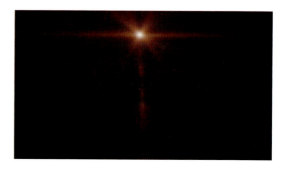

INDEX

数字
3Dレイヤー..33

A
Amazon Fashion マニフェストムービー......266

C
「CC Power Pin」エフェクト..............128, 251
「CC Rainfall」エフェクト........................216
「CC Snowfall」エフェクト......................190

K
Knoll Light Factory................................118

O
Optical Flares................................118, 334

P
Paticular...324
PSOFT／ColorSelection........................251

R
RETAS..240

T
TIGER & BUNNY....................................256

W
Wiggle..99

あ
「アイドルマスター ミリオンライブ！4周年記念アニメPV」...278
アタッチポイント....................................109
アニメ「鬼平」.................................287, 291
安室奈美恵「Dear Diary」ミュージックビデオ......298, 302
イージーイーズ......................................106
色温度..70
エクスプレッション...........................98, 115

か
カラーグレーディング............................302
寒色系..70
「ガンダムビルドファイターズ」..............256
「キズナイーバー」..................................273
「機動戦士ガンダムSEED」......................241
「機動戦士ガンダム サンダーボルト」....245, 247
「機動戦士ガンダム 鉄血のオルフェンズ」......258, 259
「グラデーション」エフェクト..................177
香盤表..255
「コロラマ」エフェクト............................135

さ
サードパーティ・プラグイン....................117

撮影ボード..273
シェイプレイヤー...................................100
「スクライド」...240
セルとCGを融合....................................243
線処理..275
ソフトフォーカス...................................275

た
「ターピュラントノイズ」..........................160
「ターピュレントノイズ」エフェクト..........222
暖色系..70
テクスチャー..259
[展開]のループ....................................130
天使のはしご..................................121, 142
透過光の撮影..237
「トーンカーブ」エフェクト........................81
「トップをねらえ 2!」...............................317
トラッカーパネル...................................108
トラッキング...107

な
「夏目友人帳」................................274, 282
入射光..120
「ノイズHLSオート」エフェクト................327

は
パーティクル...324
爆発..248
反射..330
被写界深度..16
ピン送り..21
ブラーエフェクト......................................22
「ブラー（ガウス）」エフェクト..................125
「ブラー（カメラレンズ）」エフェクト........204
「フラクタルノイズ」エフェクト..123, 160, 330
プリコンポーズ......................................147
ホワイトバランス....................................71

ま
前ボケ..45
マスクツール..53
マスクの境界のぼかしツール..................55
マットペイント......................................269
モーショングラフィックス......................291

ら
「龍の歯医者」................................308, 319
「レベル」エフェクト................................74
「レンズフィルター」エフェクト........150, 208
レンズフレア..90
「レンズフレア」エフェクト................93, 112

石坂アツシ

映像制作会社、CG制作会社を経てフリーの映像作家になる。映像コンテンツやゲームなど多岐に渡る企画・プロデュース・演出を手がけ、ビデオ編集ソフト書籍の著書も多数。
主な著書：『FCP X + Motion5 Standard Techniques』『AE Standard Techniques 4 -Advanced Opening Works-』『AE 標準エフェクト全解』
主な映像作品と履歴：「週刊ヤングジャンプ30周年CMコンテスト」グランプリ受賞／『春杣人（ハルソマビト）』SSFF&ASIA、米Taos Shortz Film Fes正式上映／『ふるべのかむわざ』ニューヨークシティ国際映画祭正式上映、山形国際ムービーフェスティバル山形市長賞受賞

After Effects 空間演出技法

2017年7月30日 初版第1刷発行

著者	石坂アツシ
装丁	VAriantDesign
編集・DTP	ピーチプレス株式会社
撮影協力	石坂 均

参考資料
『写真用語の基礎知識』 日本カメラ社
『一眼レフカメラの達人になる』 田中希美男　玄光社MOOK

発行者	黒田庸夫
発行所	株式会社ラトルズ
	〒115-0055　東京都北区赤羽西4-52-6
	TEL　03-5901-0220　　FAX　03-5901-0221
	http://www.rutles.net
印刷・製本	株式会社ルナテック

ISBN978-4-89977-466-2
Copyright ©2017　Atsushi Ishizaka
Printed in Japan

【お断り】
- 本書の一部または全部を無断で複写複製することは、法律で認められた場合を除き、著作権の侵害となります。
- 本書に関してご不明な点は、当社Webサイトの「ご質問・ご意見」ページ（http://www.rutles.net/contact/index/php）をご利用ください。
電話、ファックス、電子メールでのお問い合わせには応じておりません。
- 当社への一般的なお問い合わせは、info@rutles.netまたは上記の電話、ファックス番号までお願いいたします。
- 本書内容については、間違いがないよう最善の努力を払って検証していますが、著者および発行者は、本書の利用によって生じたいかなる障害に対してもその責を負いませんので、あらかじめご了承ください。
- 乱丁、落丁の本が万一ありましたら、小社営業宛てにお送りください。送料小社負担にてお取り替えします。